一本涵括所有
美味減肥料理的終極食譜

ALL IN ONE
熱量低+飽腹感強
減肥食譜

廚師 **金尚映** | 營養師 **金銀美**

國家圖書館出版品預行編目資料

一本涵括所有美味減肥料理的終極食譜：ALL IN ONE
　熱量低＋飽腹感強減肥食譜 / 金尚映, 金銀美作；陳
　馨祈翻譯. -- 新北市：北星圖書, 2018.05
　　面；　公分
　ISBN 978-986-6399-79-4(平裝)

1.食譜 2.減重

427.1　　　　　　　　　　　　　107000480

一本涵括所有美味減肥料理的終極食譜

ALL IN ONE
熱量低＋飽腹感強減肥食譜

作　　　者 / 金尚映・金銀美
翻　　　譯 / 陳馨祈
發 行 人 / 陳偉祥
發　　　行 / 北星圖書事業股份有限公司
地　　　址 / 新北市永和區中正路 458 號 B1
電　　　話 / 886-2-29229000
傳　　　真 / 886-2-29229041
網　　　址 / www.nsbooks.com.tw
E – MAIL / nsbook@nsbooks.com.tw
劃撥帳戶 / 北星文化事業有限公司
劃撥帳號 / 50042987
製版印刷 / 皇甫彩藝印刷股份有限公司
出 版 日 / 2018 年 5 月
I　S　B　N / 978-986-6399-79-4(平裝)
定　　　價 / 750

本書如有缺頁或裝訂錯誤，請寄回更換。

真心地感謝讀者們的閱讀！

世界上不管多忙碌，

也不可能隨便快速出書，

如速食食品般的書本。

我倒是很想作一本像可長久記憶的酒或有醍醐味的書。

真心地為揮灑辛苦汗水工作的你，

推薦一本一本用心製作的好書，

並為讀到最後一頁而煥然一新的你，

準備更多充實豐富的內容。

誠心地感謝讀者們認真閱讀。

範例

01
只要跟著動手做就能瘦身的食譜

以書中所介紹的料理為基礎，訂製早餐、午餐、晚餐的三餐食譜，只要跟著執行一週，就可以依照自己所訂的目標來減輕體重，特製食譜會收錄在書本最前面。

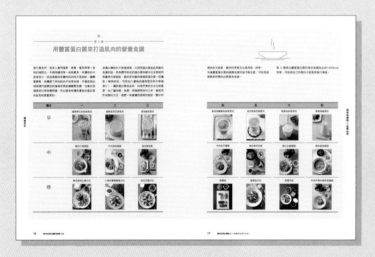

02
測量工具、處理食材方法

書中將仔細地介紹食譜所需要的測量方法，及基本處理食材方式，因本書是瘦身食譜，建議使用測量湯匙和測量杯來製作。

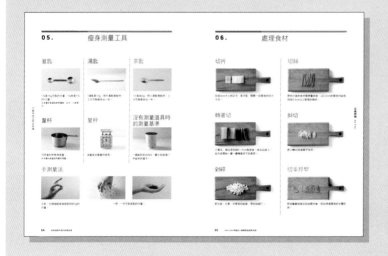

03
瘦身料理的基本概念

煮飯、製作健康的醬料、瘦身料理的一般知識等，將仔細地記載在旁邊，讓初學動手作料理、想瘦身的人也能簡單上手。

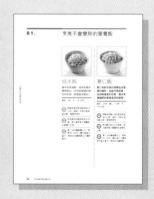

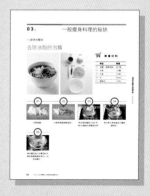

介紹對身體好、也美味的健康瘦身食譜。
以一餐的分量來準備。

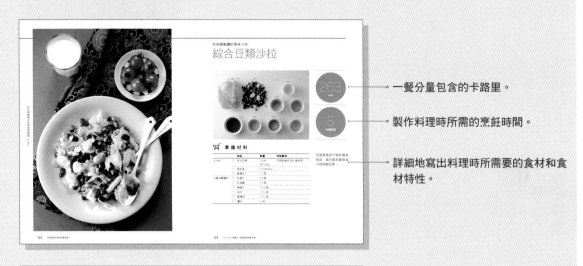

一餐分量包含的卡路里。

製作料理時所需的烹飪時間。

詳細地寫出料理時所需要的食材和食材特性。

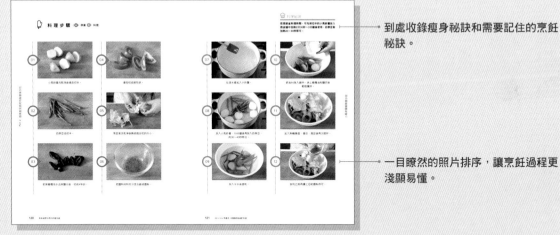

到處收錄瘦身祕訣和需要記住的烹飪祕訣。

一目瞭然的照片排序，讓烹飪過程更淺顯易懂。

開始前請先注意：

- 請用本書所介紹的食譜和其他各種食譜來找出最適合自己的瘦身食譜。
- 各家庭所使用的料理器具或瓦斯爐等物品有所不同，實際料理時間會有所差異。
- 本書的測量法將以P.64所記載的測量工具為基準來進行，開始料理前請先參考該頁。
- 書中出現的料理工具或餐具是為了拍攝照片所使用，與實際使用的物品會有所差異。
- 書中所標示的卡路里，會因料理環境或方法的不同而有所出入。

目錄

PART 01

讓身體變輕盈的
果汁&雪泥

PART 02

提高飽足感的
均衡瘦身沙拉

PART 03

變得漂亮又健康！
三明治&手拿食物便當

PART 04

再忙也不能餓肚子！
低卡路里料理

PART 05

可提前準備的
健康瘦身小菜

不妨試著愉快地煮一頓瘦身健康餐

金尚映　食物風格設計師&料理研究家

最近很流行稱自己獨自一個人吃飯為「獨飯」，以方便、美味的食物獨自飽餐一頓，但諷刺的是最近流行在家做飯。

速食或外送食物雖然方便，但每天吃總是會對身體有負面影響，也會吃膩。雖然很想在家隨便做個簡單的料理，不過現實的是不知道該如何下手，再加上需考慮營養均衡的話，動手煮一餐可沒有想像中簡單。

其實，就連已經有15年以上料理經驗的我，也曾因沒有控制好吃飯時間而把身體搞壞，很常一忙就沒有準時吃飯或不想花時間煮菜而簡單地用外送食物或速食來打發一餐，在身體時鐘不正常的情況下，變成少吃卻會變胖的典型現代人肥胖；當然，再加上壓力的累積及沒有適當地休息，導致腹部越吃越大，很常會被自己肥胖的樣子嚇到，就這樣產生了不能再傷害自己的健康，要為身體著想而動手料理的想法。這時我才理解，比起為某人做料理，做出「能讓自己吃的健康料理」更加重要。

剛開始減肥時，我把攝取的食物分量減少，瘦身效果當然很明顯，雙眼明確地看到一開始的明顯體重變化，因此更熱衷於不吃東西，就這樣經過幾天後，體重變化漸漸陷入停滯，瞭解到少吃也是有極限的，而且最令人感到辛苦的一點，就是美食當前卻無法吃到的痛苦。

我從這時開始製作適當分量的食物，也就是能讓大腦產生飽足感的食物，一開始體重雖然緩慢下降，但隨著時間增加，只要吃超過一定分量的食物，就會感到飽足而停止進食。本書就是透過自己本身的經驗，做出一本可健康管理體重又美味的料理書，盡可能地以各種料理和製作方式讓瘦身食譜不單調難吃，適當地加入調味，會比不加任何調味的食物來的更能突顯食材的味道，並達到攝取均衡的營養素。

其實最重要的條件是意志，不妨以為自己製作一餐營養料理的心態來進行瘦身，等看到自己改變的樣子後會露出滿足的微笑。

作者的話

瘦身，
需專注於營養
而不是卡路里

金銀美 營養師／營養諮詢師

雖然很多人想瘦身，但就這樣直接進行的話，會感到相當困難，因為要煩惱該選擇哪一種瘦身方式來進行，才能獲得最大的瘦身效果。進行瘦身時想吃東西的慾望、想休息的慾望雖然強烈，但都必須要努力的克服，所以在這裡向有勇氣挑戰瘦身的各位鼓掌。

透過許多瘦身節目，進行過許多營養諮詢，覺得只要運動、跑或跳就可以，卻有很多人不知道該如何進行飲食管理，用專門的瘦身管理雖然很方便但價格昂貴，也不能完全不吃東西。看到許多人按照從網路搜尋出某藝人的10公斤減肥法、香蕉或食用醋減肥、漢方減肥等，這類只吃特定食品或藥物來瘦身就會感到相當惋惜。很多人在剛開始進行營養諮詢時會覺得「這樣真的能變瘦嗎？我不吃也沒瘦，這樣吃真的能減肥嗎？」的想法，在瘦身期間內照著筆者所建議的方式來實際進行後發現，身體不僅變瘦，也改變了他們對食譜的刻板印象。「瘦身食譜」是指反映個人喜好的健康飲食方法，不是要改變自己所吃的所有飲食，而是改掉錯誤的飲食習慣後確實實踐正確的飲食方式，進行「適合我的健康食譜」，各位擁有怎麼樣的飲食喜好呢？不妨把卡路里當作參考，做出每頓都充滿營養的瘦身餐吧！

別再只用雞胸肉減肥

瘦身食譜不是排除特定營養的攝取或單靠特定食品來進行，而是全家人都可以一起參與食用的健康食譜。均衡攝取碳水化合物、蛋白質、脂肪、纖維素、維他命、礦物質等營養素才是健康又美味的瘦身餐。因為知道正確的瘦身飲食方法，才能瞭解到只吃特定食物或不吃才是造成營養不均衡的原因！只要是健康的食譜，就算是吃麵包、吃肉都能讓你瘦身。

屬於自己的瘦身食譜

在製作瘦身食譜前，要掌握自己吃多少、怎麼吃，瘦身食譜不是單純瞭解食物的卡路里，而是要先從基本的營養資訊來分析適合自己的飲食形態，而做出適合自己的食譜，在這裡跟各位介紹瘦身營養管理的「A to Z」，各位若是能從頭到尾把這本書讀過一遍的話，或許也能成為瘦身營養管理專家。

作者的話

無計劃的 4 週瘦身食譜

據說培養一種習慣需要 6 週的時間，瘦身也一樣，最少需要 6 週到 12 週的時間，減低體重後2～3年沒有出現溜溜球現象才算是瘦身成功，因長時間的持續瘦身不如訂出以 4 週為目標的實踐方法來的有效。請以 4 週的瘦身食譜、4 週的集中運動、最後 4 週則依照體重的情況，來選擇決定用食譜或運動的方式瘦身。

首先，調整飲食是瘦身的第一步，根據符合自己的卡路里處方，製作 4 週瘦身食譜的方式如下。

1. 卡路里處方範例

❶ 李承恩（20歲／女／學生／高165cm／體重70kg／想進行短期瘦身）
- 肥胖度＝現在體重／標準體重X100（％）＝70/57X100＝122.8（肥胖）
- *標準體重＝身高（m²）X21＝1.65X1.65X21＝57
- 需嚴格瘦身類型的卡路里處方
  （標準體重X依照不同活動所需消耗的單位體重能量）－500kcal＝57X25－500＝925kcal

❷ 文志英（32歲／女／上班族／高170cm／體重68kg／平穩瘦身）
- 肥胖度＝現在體重／標準體重X100（％）＝68/60X100＝113（過重）
- *標準體重＝身高（m²）X21＝1.7X1.7X21＝60
- 平穩瘦身類型的卡路里處方
  （標準體重X依照不同活動所需消耗的單位體重能量）－500kcal＝68X25－500＝1200kcal

❸ 朴載華（40歲／男／服務業／高180cm／體重85kg／以運動為主的平穩瘦身）
- 肥胖度＝現在體重／標準體重X100（％）＝85/71X100＝119.7（過重／肥胖）
- *標準體重＝身高（m²）X22＝1.8X1.8X22＝71
- 平穩瘦身類型的卡路里處方
  （標準體重X依照不同活動所需消耗的單位體重能量）－500kcal＝85X30－500＝2,050kcal

2. 制定食譜的方法

❶ 每餐攝取均衡的營養，是制定食譜的中心原則。
不應該是早上吃蘋果、中午吃雞胸肉沙拉、晚餐
一杯牛奶，而是每一餐都應該包含碳水化合物、
蛋白質、膳食纖維。

❷ 一天所需的卡路里，應該要均衡地分配到早、
中、晚三餐飲食中。

❸ 須按照自己的情況和喜好來制定食譜。舉例來
說，若早上忙碌，前天晚上就應該要先做好果汁
或雪泥放在冰箱，隔天早上飲用；若加班到很
晚，則要集中早餐和中餐的卡路里攝取，晚餐就
以簡單的沙拉為主，以這樣的方式進行一個月，
那麼準備一天的飲食會更加得心應手。

● 一天所需攝取的早、午、晚餐卡路里表

區分	1000kcal	1200kcal	1500kcal	1800kcal
早餐	150~200	200~300	300~400	400~500
午餐	350~500	400~500	500~600	600~700
晚餐	200~400	300~400	400~500	500~600
是否有點心	×	×	1次	2次

● 點心可在早餐或午餐、午餐或晚餐間稍為吃一些，
1500／1800kcal的中餐和晚餐是包含點心的卡路
里。

3. 實際進行瘦身食譜

接著介紹只要 4 週就能瘦身的「無計劃的 4 週瘦身
食譜」。

每週都有一個重要的瘦身重點，前 2 週主要是嚴格的
控制卡路里攝取，第 3～4 週則以平穩的瘦身食譜，
自然地增加卡路里的攝取。

食譜裡所介紹的果汁並未包含蛋白質，可簡單地用熟
雞蛋或雞胸肉等蛋白質一起補充，增加飽足感並幫助
熱量代謝。由於果汁本身的卡路里低，就算跟蛋白質
食品一起吃，也不會超過一餐該攝取的卡路里量；雪
泥可以和蛋白質食品一起打碎後做成飲料，不用增加
其他食品。

若想增加飽足感，建議增加攝取食譜內的堅果類，但
攝取過多的堅果會增加卡路里，要注意一天不可超過
25g。

推薦的配菜蛋白質食品及卡路里
● 1顆熟雞蛋＝75kcal
● 1片雞胸肉（100g）＝109kcal
● 一塊嫩豆腐（250g）＝125kcal
● 一杯豆漿（190ml）＝80kcal
● 一杯低脂牛奶（200ml）＝75kcal
● 一大匙堅果類（25g）＝150kcal

PART5的瘦身健康餐是以健康食材所製作的瘦身食
譜，請將飯、低鹽湯、蔬菜一起食用。

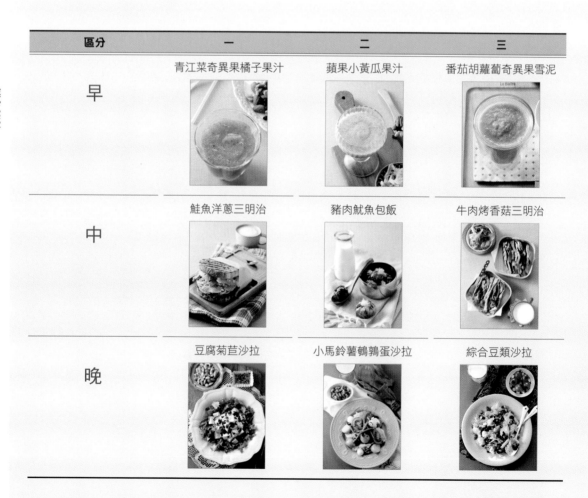

讓身體變輕盈，充滿豐富膳食纖維的食譜

充滿瘦身鬥志的第 1 週！從養成吃蔬菜的習慣開始吧！膳食纖維可以成為腸內益生菌的營養，降低脂肪的吸收並幫助排出體內老廢物質，給予飽足感，膳食纖維可吸收40倍水分的效果，因此增加蔬菜攝取量的同時也要記得多喝水。

特別專欄

區分	一	二	三
早	青江菜奇異果橘子果汁	蘋果小黃瓜果汁	番茄胡蘿蔔奇異果雪泥
中	鮭魚洋蔥三明治	豬肉魷魚包飯	牛肉烤香菇三明治
晚	豆腐菊苣沙拉	小馬鈴薯鵪鶉蛋沙拉	綜合豆類沙拉

根據最新的研究報導指出，腸內微生物的比例是造成溜溜球現象的主要原因，腸內的益菌越多，就能減少溜溜球現象，因此要多攝取蔬菜和水果這類富有豐富膳食纖維的食物，才能預防溜溜球現象。

第1週的食譜是以1000kcal為主的豐富蔬果菜單，請依照自己所需的卡路里來增減食材。

四	五	六	日
蘋果菠菜豆漿雪泥	萵苣香蕉豆腐雪泥	蘋果萵苣香蕉果汁	蘋果青花菜核桃雪泥

牛肉雜糧飯蔬菜捲	蟹肉萵苣三明治	豬肉洋蔥蓋飯	雞肉高麗菜炒飯

蛋番茄沙拉	鮪魚酪梨沙拉	柳橙白菜核桃沙拉	豬肉魷魚包飯

有效消除身體水腫的低鹽食譜

特別專欄

各位應該有聽過瘦身時，最好能降低鹽分的攝取，鹽巴的化學用語是氯化鈉，鈉就是低鹽的「鹽」。鈉是維持生命的必要成分，在我們體內進行滲透壓的作用來調節水分、調節酸鹼均衡、神經傳達功能相關的必須物質，但過度攝取會引起高血壓、腎臟病、心臟病等各種疾病。

如前面所説，鹽巴可控制水分調節，若吃太鹹則會有滲透現象，過多的水分讓身體產生水腫，使身體的代謝能力降低。除此之外，又鹹又甜的調味會讓食物變得美味而攝取更高的卡路里，這就是為什麼醬螃蟹料理會讓人多吃好幾碗飯，而且鹽巴是人類的消化劑，根據使用多寡來增加腸胃器官的運作速度，幫助食物快速消化，所以肚子很快就會感到飢餓。

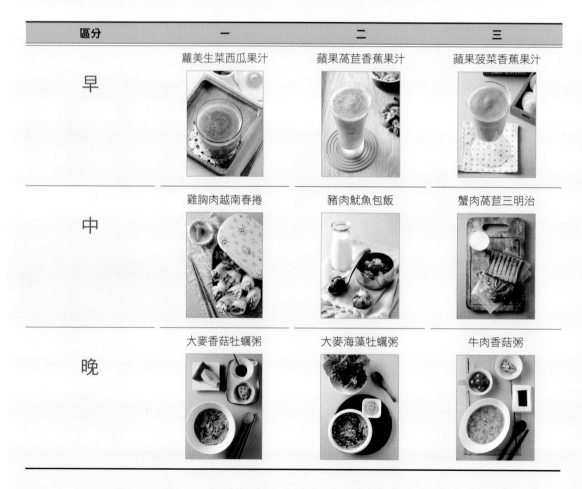

區分	一	二	三
早	蘿美生菜西瓜果汁	蘋果萵苣香蕉果汁	蘋果菠菜香蕉果汁
中	雞胸肉越南春捲	豬肉魷魚包飯	蟹肉萵苣三明治
晚	大麥香菇牡蠣粥	大麥海藻牡蠣粥	牛肉香菇粥

所以減少食物中的鹽巴，對減肥瘦身有很大的幫助，尤其是對下半身肥胖有困擾的人，一定要進行低鹽食譜。

比起製作太鹹或太甜的食物，不如用清爽的食醋或檸檬來提味，或是使用可以排出氯化鈉，含有豐富鉀的食材（生菜、菠菜、青江菜、萵苣等蔬菜和酪梨、香蕉、番茄等水果，以及小黃瓜這類水分較多的蔬菜和菇類、馬鈴薯等）會有所幫助。

想要排出氯化鈉，也必須要攝取夠多的水分，不要以為水腫的原因是因為水分而減少水的攝取，反倒是要少吃過鹹的湯類、太鹹食物，多喝水才是最重要的。

四	五	六	日
蘋果菠菜香蕉果汁	蘋果小黃瓜果汁	番茄酪梨雪泥	番茄紅椒香蕉果汁
豬肉洋蔥蓋飯	低脂肪BLT三明治	鮭魚洋蔥三明治	雞肉高麗菜捲
糙米韭菜雞粥	鮪魚酪梨沙拉	雞肉香菇蓋飯	豬肉黃豆芽飯

用豐富蛋白質來打造肌肉的營養食譜

進行瘦身時，很多人會用蘋果、香蕉、番茄等單一食物的減肥法，不過持續用單一食物瘦身，所攝取的卡路里很少，很容易瘦到身體的肌肉而不是脂肪，讓體重變輕，身體瘦下來的肌肉不容易恢復，不僅容易出現基礎代謝變低的溜溜球現象讓體質改變，也會出現

健康惡化等身體問題，所以瘦身時攝取優良的蛋白質食品是相當重要的。

若擔心攝取的卡路里過高，只想用蛋白質食品來製作食譜的話，用身體可吸收的蛋白質如碳水化合物或用熱量來代替脂肪，最好把均衡的營養跟蛋白質一起攝

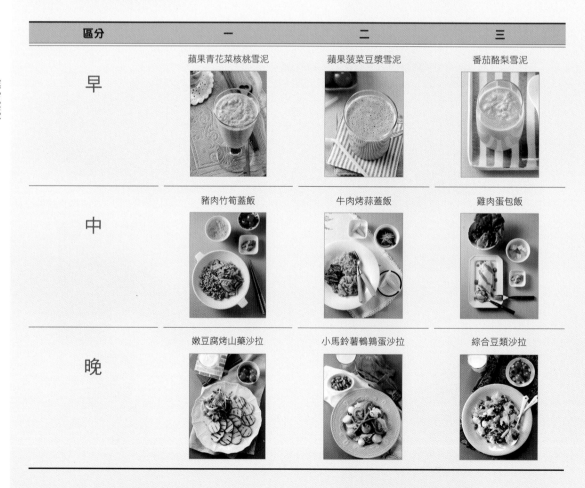

區分	一	二	三
早	蘋果青花菜核桃雪泥	蘋果菠菜豆漿雪泥	番茄酪梨雪泥
中	豬肉竹筍蓋飯	牛肉烤蒜蓋飯	雞肉蛋包飯
晚	嫩豆腐烤山藥沙拉	小馬鈴薯鵪鶉蛋沙拉	綜合豆類沙拉

特別專欄

取（舉例來説，可用加入優格的蘋果雪泥來代替蘋果汁）。攝取蛋白質食品時，料理烹煮的方法也很重要，為了讓肉類、魚類、家禽類等食材入味，會使用炸或燉的方式，這麼一來會攝取過高的脂肪、鹽分和過多的卡路里，最好的烹煮方法是用蒸、烤等。

充滿豐富蛋白質的健康食譜可給予飽足感，可説是長期瘦身所需的必要瘦身食譜。

第 3 週是以豐富蛋白質的清淡食譜為主的1200kcal菜單，可依照自己所需的卡路里來進行增減。

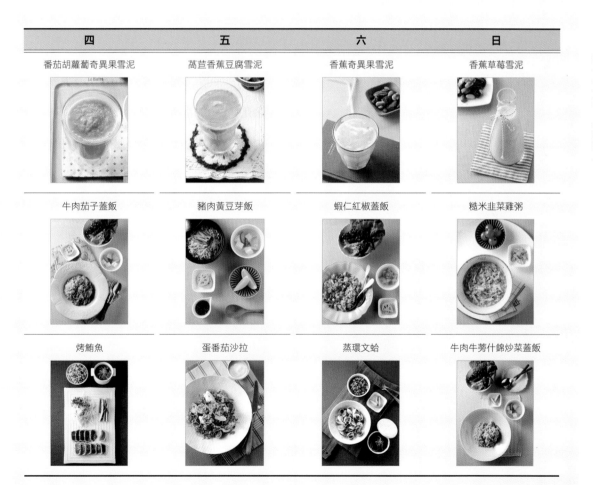

四	五	六	日
番茄胡蘿蔔奇異果雪泥	萵苣香蕉豆腐雪泥	香蕉奇異果雪泥	香蕉草莓雪泥
牛肉茄子蓋飯	豬肉黃豆芽飯	蝦仁紅椒蓋飯	糙米韭菜雞粥
烤鮪魚	蛋番茄沙拉	蒸環文蛤	牛肉牛蒡什錦炒菜蓋飯

善用各種食譜做出好吃的瘦身菜單

什麼才是健康的瘦身食譜？其實前面 3 週所進行的食譜都算在內。不是只吃蘋果、香蕉、雞胸肉的單一瘦身餐，而是要吃包含蔬菜的膳食纖維、低鹽飲食、充足蛋白質的均衡食譜才是最健康的瘦身菜單。

有些人會忌諱在瘦身時把所有的飯和小菜都吃光，但這樣是不對的想法。

日本曾經有一陣子流行過「TANITA食譜」，以體脂機有名的TANITA企業為員工打造健康的食譜，不僅員工們瘦身變健康，一般人嘗試過後也都證實該食譜

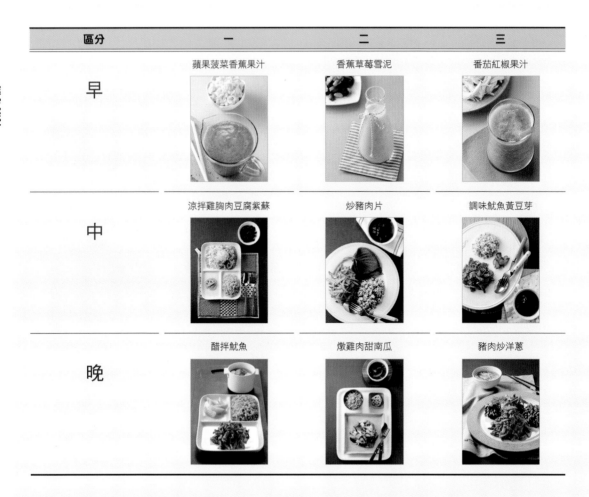

區分	一	二	三
早	蘋果菠菜香蕉果汁	香蕉草莓雪泥	番茄紅椒果汁
中	涼拌雞胸肉豆腐紫蘇	炒豬肉片	調味魷魚黃豆芽
晚	醋拌魷魚	燉雞肉甜南瓜	豬肉炒洋蔥

特別專欄

有瘦身效果，許多瘦身專家都警告過度的低卡路里食譜或只攝取特定營養的食譜對身體會有危害，要找到適合自己的食品和營養的均衡食譜才是最正確的。

不僅為了自己，也為了家人、朋友和想要獲得健康的朋友們一起製作健康的食譜吧！

第 4 週的食譜是以各種不同食材為主的1200kcal菜單，可依照自己所需的卡路里來進行增減。

四	五	六	日
香蕉優格雪泥	蘋果萵苣香蕉果汁	番茄胡蘿蔔奇異果雪泥	柳橙白菜核桃沙拉
烤馬鮫魚和海帶湯	蝦仁漢堡	烤茄子松子沙拉	牛肉牛蒡火鍋
辣椒醬燉牛肉	烤柳橙干貝	牛排和涼拌生菜	鮪魚芝麻葉煎餅

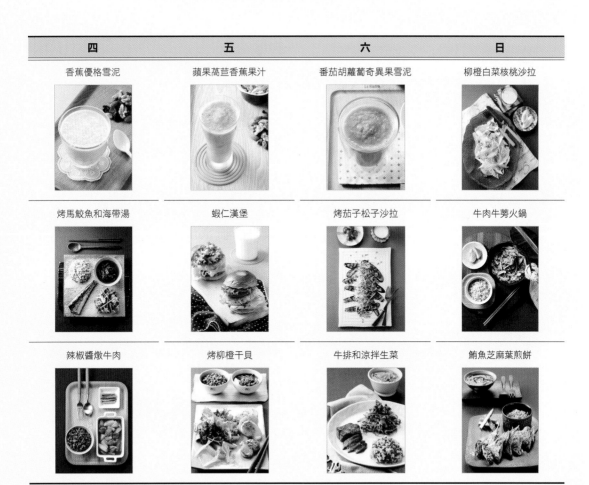

step 01. 瞭解瘦身

進行瘦身彷彿跟外出旅行一樣，抱著忐忑不安的心來選定目的地、訂出旅行計畫，但隨著旅行過程的經歷，而留下愉快或累人的回憶。最近男女老幼對於外表越來越注重，對瘦身也就越來越注意，但問題是實際證實的資訊不足，很多人會以時下流行的瘦身方法或演藝人員所說的成功瘦身方式來進行瘦身，這樣毫無頭緒的開始瘦身，初期或許能成功地減輕體重，不久後體重很容易就會恢復原狀，再加上很多人經歷了溜溜球現象，最差的情況則是過度的瘦身，破壞了身體供給營養的平衡，這樣倒不如進行可找回自己的「正確瘦身」！

UNDERSTAND
瞭解自己

各位不是實驗老鼠，在進行無差別瘦身前，請先對自己的身體有所瞭解，進行瘦身前必須要先檢視自己的狀態（飲食習慣、活動量、攝取飲食模式等），並設定自己的瘦身目標和計畫。舉例來說，請先仔細地記錄自己一週內所攝取的食物，再觀察自己的活動程度，掌握自己的行動後就可以知道自己的問題點，並針對它來設定自己的目標。

PLAN
設定可被實踐的計畫

請不要被「一個月內可瘦XXkg！」的話給迷惑。
不合理的計畫目標會讓人輕易放棄和感到挫折，體重減少的目標固然重要，但依照適合自己環境的生活習慣和目標的情況下設立更為重要。舉例來說，覺得自己「不怎麼運動」，不如可設定「上下班時提前一站下車走路」的目標，實際履行目標後再稱讚自己，漸漸提升自我的自信，轉化為實踐瘦身目標的力量。

BALANCE
適量地、均衡地、適時地

我們的身體透過攝取食物來獲得營養的熱量（碳水化合物、脂肪、蛋白質），來進行調節體溫、呼吸、血液循環等維持生命的新陳代謝功能和進行各種活動所需要消耗的能量，當攝取熱量和消耗能量達到均衡時，就可達成目標體重。我們的身體基本上是由各種荷爾蒙來維持穩定運作，若想找出特別的瘦身方法，不如先以維持我們身體穩定的「平衡（balance）」來的重要，只要謹守「適量地、均衡地、適時地」這「三原則」就可達到健康又有效果的瘦身。

瘦身必殺技

1.「我是否屬於肥胖？」

大部分的人都覺得「肥胖」是指「體重很重的狀態」，不過形成體重的成分中若肌肉量較多的人很常會超過體重，所以實際上所指的「肥胖」可定義為是「體內脂肪組織超過」的狀態。

肥胖的原因可能是遺傳因素、環境因素、熱量代謝異常等，因遺傳導致基礎代謝量較低的人，即使跟別人吃一樣分量的食物卻會因轉換脂肪的比例比正常人來高，而造成肥胖；運動或活動不足造成攝取卡路里比消耗卡路里還高的人，多餘的卡路里會轉化為體脂肪，累積在體內造成肥胖。

世界衛生組織（WHO）用身體質量指數（Body Mass Index, BMI）來定義肥胖指數（可參考亞洲－太平洋的標準），就算身體質量指數相似，但依據體脂肪的分布部位可區分出不同的肥胖形態。

- 肥胖度標準：BMI 25以上（男女相同）時為「**肥胖**」
  BMI＝當前體重（kg）÷｛身高（m）X身高（m）｝
- 體脂肪標準：男性超過體脂肪20%以上、女性超過體脂肪25%以上時，
  稱為「**過胖體脂肪**」
  （用測體脂肪的機器來測量）
- 腰圍標準：男性超過90cm以上、女性超過85cm以上時，稱為「**腹部肥胖**」

過胖體脂肪、肥胖或腹部肥胖對健康都有危害，要是有肥胖相關的疾病（糖尿、高血壓、異常血脂症），那麼減重就更加重要了。

不要被假飢餓給騙了，
調節飢餓和飽足感的賀爾蒙

「肚子好餓」、「肚子好撐」
這句話我們一天內常會說好幾遍，肚子餓了就會吃飯，只要在感到撐之前放下碗筷就好，但這為什麼對瘦身的人來說很辛苦呢？原因是腦內釋放飢餓或飽足的速度較慢。消化作用雖然是在腸胃進行，但調節飢餓或飽足的控制中樞卻是在腦的下視丘。

當胃空時分泌的飢餓素，會刺激下視丘感覺到肚子餓；吃完飯後胃滿時，分泌的瘦素會刺激下視丘讓人感到飽足。

也就是說，透過健康的食物來攝取卡路里，下視丘會感到飽足而降低食慾。不過，眾多的加工食品含有甜味的液態果糖（碳酸飲料、醬料等），對健康不好的飲食會抑制瘦素賀爾蒙的分泌，讓人難以感到飽足；而且這些飲食大部分都是高卡路里食物，會導致體重增加的現象。

為了讓瘦素賀爾蒙能正常分泌和作用，需要一天30分鐘的步行和適當的肌肉運動，當體重減少後，我們身體的細胞就會對瘦素更加敏感，進而減少食慾。

體脂肪標準		BMI標準				
		18.5	23	25	30	
		過低體重	標準體重	過高體重	肥胖	高度肥胖
過低體脂肪	男性未達15 女性未達20	過低體重肌肉型 正常脂肪	正常體重 正常脂肪	過重 正常脂肪	肥胖 肌肉型	肥胖 肌肉型
標準體脂肪	15~19.0 20~24.9	過低體重 正常脂肪	正常體重 正常脂肪	過重 正常脂肪	肥胖 標準脂肪	肥胖 標準脂肪
過高體脂肪	20~24.9 25~29.9	過高性 瘦型肥胖	正常體重 過量脂肪	過重 過量脂肪	肥胖 過量脂肪	肥胖 過量脂肪
體脂肪過量	25以上 30以上	瘦型肥胖	正常體重 脂肪肥胖	過重 脂肪肥胖	肥胖 脂肪肥胖	高度肥胖

2. 瞭解卡路里

我們的身體透過攝取食物轉換成卡路里並儲存、維持生命的基礎代謝（調節體溫、呼吸、血液循環等）和身體的各種活動都需要消耗卡路里。

當攝取的卡路里和消耗的卡路里平衡被破壞時，體重就會增加或減少，一般來說肥胖是因攝取的卡路里比消耗的卡路里還高所造成。

1) 製造卡路里的營養素「熱量營養素」

最先消耗的熱量－碳水化合物

碳水化合物每1g可產生4kcal的熱量，主要來源為米飯、大麥、小麥、玉米、地瓜、馬鈴薯等農作物和包含這類農作物的加工食品。攝取後經過消化階段並代謝成葡萄糖，這葡萄糖能透過血液傳送到各個細胞成為能量，尤其大腦、紅血球、神經細胞只使用葡萄糖為能量，長時間不進食或碳水化合物的攝取量不足時，取而代之會使用儲存在肝臟的少量肝醣來代替葡萄糖，並再分解肌肉內的蛋白質轉換為葡萄糖使用。另外，為了讓脂肪能完全地燃燒，必須要有碳水化合物所分解的「草醯乙酸（Oxaloacetate）」，由此可知碳水化合物不僅能維持生命，也是瘦身減肥必須的營養素，不過攝取過多的碳水化合物會轉化為脂肪，累積成體脂肪，也是造成腹部肥胖的主因。

該攝取哪種碳水化合物、攝取多少分量呢？

一天請攝取50～60%熱量的碳水化合物。
根據大韓肥胖學會的建議，一天的碳水化合物需攝取熱量的50～60%。碳水化合物可轉化成葡萄糖能量，是供給腦細胞、神經系統等組織的必須能量，建議一天必須攝取50～100g左右的碳水化合物（一碗飯）。

請用糙米代替白米。
糙米、雜糧、全麥等未加工過的穀物稱為複合碳水化合物，複合碳水化合物的血糖指數較低，比精製化的穀物含有較多的食物纖維、維他命、礦物質，是瘦身時必須的主要穀類，請將白米、麵或麵包等改成糙米飯、全麥麵包等食品來食用。

一天請攝取食物纖維20～25g（蔬菜300～500g）。
生菜、青花菜、小黃瓜等蔬菜類和海藻類、雜糧類、豆類所包含的食物纖維，在腸內不會被消化、吸收，反而會增加飽足感，減緩葡萄糖和脂肪的吸收。這樣的纖維素必須攝取比自己體重多40倍左右的水才能吸收，它們雖給予飽足感但若攝取太少水分可能會造成排便困難，建議最好能攝取充足的水分。

碳水化合物

瘦身必殺技

高濃縮熱量－脂肪

脂肪是否百害無益呢？像人類這樣的高等動物，進化成在能量供給有限時會供應體內所儲存的能量。脂肪是我們身體最有效熱量供給來源，也是能量保管素，1g的脂肪可產生9kcal的卡路里，是碳水化合物或蛋白質1g產生4kcal的 2 倍，不是脂肪的碳水化合物在體內儲存成能量時，必須以肝醣的形態跟水分一起儲存，若是體重70kg的人將所有脂肪轉化成碳水化合物的話，會變成136kg左右。

那麼脂肪為什麼會變成現代人需要注意的對象呢？是因為食品和外食產業的發達，導致過量攝取，為了能成功瘦身，最好可減少脂肪食品的攝取量，改吃對健康有益的脂肪。

脂肪

該攝取哪種脂肪、攝取多少分量呢？

一天請勿攝取超過20～25%熱量的脂肪（根據大韓肥胖協會建議的標準）。 碳水化合物攝取較低或蛋白質食品過度攝取的話，會增加總脂肪的攝取量，請選擇用烤、燉或煮等方式來代替油炸的食物料理方式，才可攝取較低的脂肪。

請適當攝取有豐富不飽和脂肪酸的植物性油脂。 含有豐富不飽和脂肪酸的植物性油（堅果類、紫蘇油、橄欖油等），料理食物時最好用橄欖油或芥花油來代替其他食用油；堅果類一天建議攝取量為一把（約25g），攝取過多也會導致卡路里升高，請多加注意。

攝取餅乾、甜甜圈、炸物內含的反式脂肪需多加注意。反式脂肪和動物性油只是較多的飽和脂肪，對外食比例增加的現代人們來說，很容易提高出現成人疾病的風險，尤其反式脂肪擁有的壞膽固醇數值較高，好膽固醇數值較低，在吃加工食品或外食時必須留意食物的選擇。

構成身體的成分－蛋白質

蛋白質是與碳水化合物、脂肪不同的熱量，比起扮演合成我們身體組織、新陳代謝所需使用的賀爾蒙、酵素、抗體等「構成營養素」更為重要，如果人體沒有供應充足的卡路里而造成體內能源（尤其是碳水化合物）不足時，蛋白質從人體的構成角色轉變為能量來供給消耗，熱量若持續被限制，則會動員肌肉內的蛋白質來轉化成能量使用。

肌肉量的減少相對會減少新陳代謝量，是瘦身後造成急速溜溜球現象的主因。除此之外，過度攝取的蛋白質飲食會轉化成脂肪而儲存在體內，對腎臟造成負擔，因此攝取優質蛋白質是很重要的。

該攝取哪種蛋白質、攝取多少分量呢？

一天請勿攝取超過15〜20%熱量的蛋白質（根據大韓肥胖協會建議的標準）。進行瘦身的人們很常對攝取肉類感到困擾，因肉類裡包含著飽和脂肪和膽固醇！脂肪裡的少量優質蛋白質食品能帶來飽足感，也是預防運動造成肌肉損害的必須物質，所以用餐時請別忘記要攝取蛋白質食品。

請每日攝取優質蛋白質的食品。含有豐富氨基酸的優質蛋白質可從去除脂肪的瘦肉；沒有雞皮的雞肉、蛋白、低脂牛奶、豆腐等攝取，這樣的優質蛋白質食品建議每天每餐都要食用。

請以脂肪較少的瘦肉為攝取重點。攝取肉類時脂肪量越高（舉例來說，五花肉比里肌肉脂肪量來的多）卡路里也越高，且含有大量的飽和脂肪，因此建議以瘦肉為主要攝取的食材。飽和脂肪較少的是去除表皮的雞肉、魚類（一次攝取雞胸肉100〜150g、魚類一塊左右）。牛奶或乳製品請選擇無脂、低脂的產品，隨著料理方法的不同有可能會增加卡路里，請跟蔬菜一起烹調並使用較少的醬料。

五花肉
40g = 100kcal

碳水化合物	0.1g
蛋白質	6.9g
脂肪	11.4g

=

里肌豬肉
40g = 50kcal

+

白肉魚類
50g = 50kcal

碳水化合物	0.1g
蛋白質	21.2g
脂肪	7.0g

蛋白質

無營養卡路里食品－酒類

酒類雖是1g產生7kcal的高卡路里食品，但只有卡路里，沒有其他對身體有益的營養，又被稱為「無營養卡路里食品（Empty Calorie Food）」。無營養卡路里的食品除了酒類外，還有糖、白米、精製麵粉等，若大量攝取這類食物，在體內進行消化和代謝過程時會從體內抽取出必要營養素（酵素、維他命、礦物質），會導致缺少免疫力、加速老化等問題。

那麼喝酒真的會變胖嗎？

不是因為酒本身的卡路里而變胖，而是酒有著能讓其他營養酸化後成為卡路里的作用，也就是說酒的熱量為零，但是跟酒一起吃下去的下酒菜會被累積成脂肪或累積成熱量，這麼一來原本累積的其他營養素就不會被使用而留在體內。相反地，若是持續過量飲酒，會增加身體的發炎反應，促進能量的消耗而體重下降，這就是為什麼依賴酒精的病患中有許多人體型都是瘦的原因，大部分不是因喝酒喝到肝受損或是酒精中毒，而是適度的喝酒後又吃下酒菜，刺激了促進食慾的神經傳達物質而增加了想喝酒的慾望，以至於過量。所以為了瘦身和健康，一定要禁止喝酒。

零卡路里食品真的
沒有卡路里嗎？

最近很多食品公司都爭先恐後地宣傳自己的食品是零卡路里產品，零卡路里食品是用什麼原理產生甜味的呢？我們最熟悉的「Zero卡路里可樂」是使用稱作阿斯巴甜的人工甜味劑。阿斯巴甜1g可產生糖200g的甜味，也就是含有20g糖的可樂可產生80kcal，含有0.1g阿斯巴甜的可樂會有0.4kcal。依照食品標準每100ml產生0.5kcal以下卡路里的話，可標示「0」，所以零卡路里實際上可說是「0」卡路里的水。

那麼吃卡路里較低的食品可以幫助瘦身嗎？根據幾項研究發現，我們的大腦是透過舌頭來品嚐甜味，來決定攝取量，添加人工調味後雖可嚐到甜味，但甜味強度並不夠，造成身體消化系統的混亂而想攝取更多食物，形成消化代謝降低、體脂肪增加，當然這些食品都經過安全確認，所以人工調味料可否完全代替糖分還是個疑問。

酒的種類	酒精濃度 （%）	1單位的量	1單位的熱量 （kcal）	包裝單位 （瓶）	包裝單位熱量 （kcal）
馬格利酒	6	1杯(200cc)	92	750 ml	345
淡啤酒	4.5	1杯(200cc)	58	500 ml	145
啤酒	4.5	1杯(200cc)	74	500 ml	185
香檳	5	1杯(100cc)	44	640 ml	280
燒酒	25	1杯(50cc)	71	360 ml	510
溫和燒酒	20	1杯(50cc)	55	360 ml	400
紅酒	13	1杯(100cc)	85	750 ml	638
白酒	13	1杯(100cc)	83	750 ml	623
威士忌	40	1杯(30cc)	95	360 ml	1140
清酒	16	1杯(50cc)	76	300 ml	390

出處：大韓營養社協會（2010）「糖尿病食品對照表活用指南」

step 01. 瞭解瘦身

2) 各種食物的卡路里

我們透過食物裡的碳水化合物、蛋白質、脂肪等的熱量來獲得卡路里，根據食品的種類和分量，卡路里和主要營養素的種類和含量也都不同，把具有相似營養素的食品分為6大類，稱為基礎食物類。

肉類、魚類、雞蛋、豆類

穀類

蔬菜類

脂肪類

牛奶和乳製品類

水果類

6 大類基礎
食物類

各種基礎食物類的食物種類和卡路里

食物類	主要營養素	作用	kcal	種類（例）	一次分量
穀類及澱粉類	碳水化合物	主要能量	100	飯	70g
				麵包	35g
				麵	90g
肉類、魚類 雞蛋、豆類	蛋白質、脂肪	構成身體成分、能量	50	牛肉（瘦肉）	40g
			75	鯖魚	50g
			100	排骨	30g
蔬菜類	食物纖維、維他命、礦物質、植物性化學物質	調節生理	20	葉菜類（白菜、生菜等）	70g
				胡蘿蔔	70g
				洋蔥	50g
水果類	食物纖維、維他命、礦物質、植物性化學物質	調節生理	50	香蕉	60g
				蘋果	100g
				小番茄	250g
牛奶和乳製品	蛋白質、鈣質	能量、構成身體成分、供給鈣質	75	低脂牛奶	200ml
			125	牛奶	200ml
				無糖優格	100g
脂肪類	脂肪	能量	45	食用油	5g
				奶油	6g
				核桃	8g

卡路里相關的食物資訊

卡路里	各類卡路里食物
50kcal	3顆炒栗子、1大塊派、1湯匙炒麵、3顆小番茄、1顆柳橙、1杯柳橙汁、1杯三合一咖啡
100kcal	1顆熟雞蛋、1顆蘋果、1串葡萄、1顆烤地瓜、1塊麵包、1杯薏仁茶、1杯燒酒
150kcal	1塊鯽魚餅、1人份雞蛋卷、1塊草莓醬麵包
200kcal	1人份泡菜鍋、1塊巧克力派、1塊可頌、500cc生啤酒、1塊炸雞、1杯拿鐵咖啡
250kcal	1塊比薩、1支霜淇淋、1塊蘋果派、1杯熱巧克力
300kcal	1碗米飯、1塊鮮奶油蛋糕、1杯奶昔、1塊糖餅、1杯摩卡咖啡
350kcal	1人份部隊鍋、1個起司漢堡、1袋爆米花
400kcal	1人份義大利麵、100g血腸、1人份宴會麵、1瓶清河燒酒、1包威化餅
450kcal	1包蝦餅、1碗紅豆冰、10個煎餃、1人份排骨湯、1包炸薯條、1條壽司
500kcal	1人份辣炒年糕、1包泡麵、1人份拌飯、1人份三明治
600kcal	1包消化餅、1人份刀削麵、200g五花肉、1人份蛋包飯
700kcal	1人份炸豬排、1人份咖哩飯、1人份炒飯、1包芝多司
800kcal	1碗炸醬麵、1碗什錦炒飯、1碗炒馬麵
900kcal	1碗蔘雞湯、1包ACE餅乾、1包米餅
1000kcal	1人份牛排、炸豬排定食（包含湯、飯）、1盤正常尺寸披薩

一天必須的卡路里

一天必須的卡路里
＝基礎代謝率（60～70%）
＋
身體活動所需要的能量
（15～30%）
＋
代謝食品所需要的能量
（10%）

瘦身必殺技

3) 消耗的卡路里和「一天所需的卡路里」

大部分的人們都不瞭解自己一天應該吃多少，進行瘦身時覺得直接不吃或少吃東西就可以，但我們的身體需要適當的卡路里才能運作。

透過我們身體消耗的卡路里，經由「維持生命的基礎代謝率、身體活動所需要的能量以及代謝食品所需要的能量」，計算出一天所需要的卡路里。

維持生命的基礎代謝率

所謂的基礎代謝率是指飯後最少12小時或以上的完全休息狀態，在固定溫度下維持生命所需要的最少能量，用它來調節體溫、心臟跳動、血液循環、呼吸等，每人每天所需要的能量約占60～70%。換句話說，基礎代謝率高的人一天消耗的能量也多，因此瘦身時讓基礎代謝率變高是件很重要的事。

一般來說男性比女性的肌肉量還多，基礎代謝率較高，成年後隨著年齡的增加肌肉量會減少、體脂增加，基礎代謝率也降低，這就是為什麼男性、女性即使進行相同的瘦身過程，男性的體重可以減的比女性多，隨著年紀增加的「歲數」也代表基礎代謝率的減少。除此之外基礎代謝率也會影響到食量，用斷食來瘦身的話，基礎代謝率會減少而產生危險的溜溜球現象，重要的是基礎代謝率一但降低，想要增加的話就必須付出更多的努力，所以瘦身時若要減少食量，就必須要運動並行，讓基礎代謝率不下降。

增加基礎代謝率的原因	減少基礎代謝率的原因
肌肉量、炎熱、最近食物攝取量、排卵、體面積、甲狀腺荷爾蒙、受傷、男性、小孩或孕婦、遺傳、尼古丁、咖啡因、壓力、周圍溫度降低時	年紀增長、減少熱量攝取、營養不良、遺傳、周圍溫度升高時、月經開始後

身體活動時所需要的能量

身體活動時所需的能量是指透過運動或走路的所有動作、活動相關的能量，是基礎代謝率之後消耗最多卡路里的，占一天消耗熱量的15～30%。依照活動種類、活動強度、活動時間、體重等不同，是個別差異最大的一項，簡單來說運動選手和一般辦公室人員對於活動所需要的能量不同，必須考慮一天的活動量來攝取需要的卡路里。瘦身時減少食物的攝取量、增加活動量來消耗卡路里，是防止減少基礎代謝量並可減輕體重的最好方法。

活動種類	每小時消耗卡路里	體重70kg者，每小時消耗的卡路里
念書	0.4	0.4×70=28kcal
電腦	1.0	1.0×70=70kcal
打掃	1.5	1.5×70=105kcal
走路	2.5	2.5×70=175kcal
跑步	6.5	6.5×70=455kcal

參考「根據活動種類每小時消耗的卡路里量」

代謝食品時所需要的能量

攝取飲食後消化、吸收食物的過程也會消耗卡路里。其實用餐之後幾小時內基礎代謝率會消耗能量，依照攝取的營養素種類和分量的不同而有差異，但一般來說占食物攝取量的10%左右。

代謝蛋白質食品所消耗的能量比脂肪或碳水化合物食品來的高（15～30%），所以瘦身時吃高蛋白食物會比高脂肪或高碳水化合物食物來的有幫助，此外一次吃太多食物時消耗的熱量會變少，所以最好能規律地分配飲食。

	脂肪	碳水化合物	蛋白質	混合食物
代謝食物的能量消耗（%）	3~4	10~15	15~30	10

3. 瞭解營養素

營養素是指包含在食物裡的物質，可供給能量、身體構成物質、調節身體反應的因子，更是維持人類健康的物質。為了讓我們的身體能有效地運作，下面列出了40種以上的必須營養素。

熱量營養素	碳水化合物	葡萄糖	
	脂肪	亞麻油酸、次亞麻油酸	
	蛋白質 （氨基酸）	組胺酸、異白胺酸、白胺酸、蛋氨酸、離氨基酸、苯氨基丙酸、羥丁氨酸、色氨酸、纈氨酸	
調節營養素	維他命	脂溶性維他命	維他命A、D、E、K
		水溶性維他命	硫胺素、核黃素、菸鹼酸、泛酸、生物素、維他命B_6、維他命B_{12}、葉酸、維他命C
	礦物質	大量礦物質	鈣、磷、鎂、硫、鈉、鉀、氯
		微量礦物質	鐵質、鋅、銅、碘、氟、硒、錳、鉻、鉬
	水	水	

開始進行瘦身的人大部分會先減少飲食的攝取、增加身體的活動，不過我們的身體跟精密的化學工廠一樣，若不考慮營養均衡就進行「單一食物瘦身」或隨意減少攝取量的話，我們的身體會無法獲得必須營養素，造成瘦身失敗或溜溜球現象，最糟的情況則可能會經歷到瘦身的副作用，為了維持身體健康，就算吃的少也要有效率地瘦身，我們必須均衡地挑選食物讓身體能獲得必要的營養。

step 02.　進行瘦身

1. 開始瘦身前，需「設定目標」

1) 設定符合我的體重目標

「標準體重」是只維持健康和外貌的適當體重，根據韓國的身體質量指數（BMI），男性為22、女性為21，利用這個標準可以用以下方式計算出標準體重。

- 男性＝身高（m）x身高（m）x22
- 女性＝身高（m）x身高（m）x21

如身高160cm的女性，標準體重應該為「1.6x1.6x21＝53.76kg」。
她現在的體重若是60kg，則體重目標需設定為53.76kg。

2) 評估現有的飲食習慣和設定行動目標

請參考下一頁說明，自我評估飲食習慣，制定出需要改善部分的瘦身計畫，並從各項目分數最低的地方來自我修正，瞭解自己的活動模式，將有助於改善生活習慣。

現有飲食習慣及飲食行動評估

請在以下內容畫圈後加總分數	總是 （每天）	經常 （每週3次以上）	偶爾 （每週1-2次）	無 （每週0次）
吃早餐。	5	3	1	0
晚餐的食量比早餐或中餐來的多。	0	1	3	5
會在固定時間內吃飯。	5	3	1	0
跟一群人一起吃飯時，大部分都是第一個吃完。	0	1	3	5
在忙碌的時候會用泡麵、漢堡或外送食物來解決一餐。	0	1	3	5
只要有喜歡的食物，即使不餓也會吃。	0	1	3	5
打開冰箱有東西就會吃。	0	1	3	5
去吃吃到飽，會想把所有食物都吃一點看看。	0	1	3	5
口渴時會用果汁、碳酸飲料來代替喝水。	0	1	3	5
只要有好吃的東西，即使飽了還是會繼續吃。	0	1	3	5
無聊或疲累時會吃零食或飲料。	0	1	3	5
旁邊有人在吃東西時也會跟著一起吃，或是電視中出現吃東西的畫面，就會想要吃該食物。	0	1	3	5
三餐都吃飯。	5	3	1	0
當餓到無法忍受時才會吃東西。	0	1	3	5
只要開始吃就會吃到撐。	0	1	3	5
吃消夜。	0	1	3	5
吃東西時會看著電視、電腦或手機等。	0	1	3	5
有壓力時會外食或喝酒。	0	1	3	5
口中食物還沒吞下去時，會再把食物塞進嘴裡。	0	1	3	5
喜歡喝三合一咖啡（包含糖、奶精的咖啡／瑪奇朵等）	0	1	3	5
總計				（　　　）分

◆ 評估

80分以上	79～60分	59分以下
飲食習慣相當好。請努力維持現在的飲食習慣，並努力用運動來管理體重。	再努力一些就可以養成好的飲食習慣，請制定計畫並先從分數較低的項目開始改善。	需要很努力地改善目前的飲食習慣，請先從分數較低的項目列出優先順序，並訂出設定目標，試著養成記錄一天攝取食物的習慣。改掉吃太多或飯後吃零食的習慣，可更快地達成瘦身目標。

需要改善的飲食習慣和行動目標範例

需要改善的飲食習慣	行動目標	
用餐次數不規則	準時吃三餐	→ 要吃早餐／不漏掉任何一餐
用餐時間不規則	每天定時吃飯	→ 若無法避免用餐不規則的話，需準備點心
用餐速度過快	吃飯吃20分鐘以上	→ 一口（湯匙）放入嘴後咀嚼10次以上／跟別人吃飯時最後完食
攝取過多肉類	一天兩餐不吃含肉的小菜	→ 一天至少吃一餐蔬菜
攝取太多脂肪	不偏食	→ 不吃炸、炒、煎的食物
攝取太多零食	不邊看電視邊吃零食	→ 吃少量零食，一天吃一次以內／吃生菜當零食
攝取咖啡、紅茶	只喝美式咖啡	→ 改喝綠茶或香草茶
攝取過量酒精	禁酒！	→ 酒一週內喝1次／酒席喝2杯以內（女性1杯）
攝取太多外食	外食時不把食物全吃完	→ 不另添加食物／用筷子吃飯
對健康不好的外食習慣	準備便當來代替外食	→ 選擇有低熱量菜單的餐廳
攝取過多飲料	一天喝8杯以上的水	→ 口渴時喝水
飲食過量	不吃過飽	→ 不吃時放下湯匙、筷子
無意識攝取食物的習慣	用餐時間外不打開冰箱	→ 在吃之前再次確認自己是否肚子餓
為減輕壓力而吃	壓力大時用運動來排解	→ 尋找其他消除壓力的方法

瘦身必殺技

到底用餐後喝什麼比較好？

各位喜歡喝三合一咖啡嗎？一杯三合一咖啡的卡路里為40kcal，根據研究發現，一杯三合一咖啡等於一人份五花肉的飽和脂肪。因此習慣喝三合一咖啡的話，不妨改喝美式咖啡（無糖）、水、綠茶。

3) 依據運動量，體重單位所需要的能量

活動度	種類	體重單位所需要的能量（kcal／kg）
輕量運動	辦公、文書工作、學生、沒有小孩子的主婦	25~30
中度運動	製造業、服務業、販賣業、有小孩子的主婦	30~35
重度運動	農業、漁業、運動選手、建設工人	35~40

4) 卡路里處方

i 選擇輕鬆的瘦身
（現在體重x根據活動度所需的體重單位能量）
－500kcal

ii 選擇嚴格的瘦身
（標準體重x根據活動度所需的體重單位能量）
－500kcal

- 卡路里以脂肪1kg來計算的話，約7,700kcal，平均一天（30天）為250kcal，因此建議一天以500kcal為限制的攝取量。

- 嚴格的瘦身是不到1000kcal的處方，需設定目標為1000kcal，未攝取到1000kcal會讓基礎代謝下降，長時間下來可能會產生溜溜球現象，需多加注意。

估算一天所需卡路里的方法

依照上面方法計算出來的平均數值，可大略知道一天所需的卡路里，建議個子高的男性攝取約1800～2000kcal、個子小的男性攝取約1300～1500kcal；個子高的女性攝取約1400～1600kcal、個子小的女性攝取約1000～1200kcal。

2. 適合我的卡路里處方

瘦身時需攝取適量的卡路里，攝取太多會瘦不下來，吃太少又會有溜溜球現象的顧慮，請按照以下順序找出適合自己的卡路里處方。

1) 計算肥胖度

肥胖度PIBW（Percent of Ideal Body Weight）
＝現在體重／標準體重x100（%）

*標準體重＝身高（m²）x22（男）／21（女）

- 90%以下過輕／90～110%正常／110～120%過重／120%以上肥胖

2) 選擇瘦身種類

種類	特徵
輕鬆瘦身（長時間）	• 體重緩慢地下降。 • 不會出現基礎代謝率下降，減少溜溜球現象的產生。
嚴格瘦身（建議短期／肥胖度120%以上）	• 體重快速下降。 • 基礎代謝率下降，越來越難瘦下來。 • 會有缺乏維他命、礦物質以及蛋白質的顧慮。

每餐食譜的組合原則

- 熱量：300～500kcal
- 食物內容：全穀類（碳水化合物食品）＋低脂肪蛋白質食品＋蔬菜類（或水果類）
  例）1塊全麥麵包＋雞胸肉沙拉＋低脂肪牛奶

瘦身必備的食品種類

未加工的穀類及澱粉類：透過糙米或全麥等攝取碳水化合物食物，未加工過的穀類纖維可給予飽足感，並有防止吃太多的效果，讓身體的血糖慢慢升高，是體重管理的必須食品。

供應低脂肪蛋白質的食物：請攝取油脂較少的肉類、去除外皮的家禽類、低脂的牛奶和乳製品等脂肪含量較低的蛋白質食物，豐富的蛋白質食物能給予飽足感，消化時需消耗許多能量並可減少肌肉耗損的效果。卡路里根據料理方法會有所不同，建議使用煮或蒸的方式來處理。

蔬菜或水果類：為了獲得膳食纖維和抗氧化的營養，攝取蔬菜和水果是必須的。由於該食品本身的卡路里不高，但料理的醬料或淋醬可能會讓卡路里升高，需多加注意；水果類的碳水化合物含量較高，要注意攝取量並攝取各種蔬菜。

3. 該如何攝取一天所需的卡路里？「適量地、均衡地、適時地」

1) 過猶不及！請適量攝取。

請養成記錄自己一天早餐、午餐、晚餐、零食的卡路里習慣。舉例來說，一天需攝取1500kcal的話，一餐的卡路里約300～500kcal，設計時需均衡地包含蔬菜、蛋白質、碳水化合物等。

2) 攝取各種食物，供應身體所需的營養。

瞭解瘦身不是不吃東西，而是吃對東西，這點很重要。攝取增加新陳代謝所需要的食品，減少刺激空腹感或會累積體脂肪的食品，達到營養均衡。

食物種類	推薦食物	限制食品
穀類和澱粉類	糙米、全麥、穀類麥片等穀類食品	白飯、白麵粉等精製穀類
蔬菜和水果類	蘋果、香蕉、小番茄等水果；菇類、海帶、海苔等海藻類；南瓜、胡蘿蔔、生菜、白菜、青花菜等蔬菜類	水果或蔬菜汁、罐頭水果等
魚類、肉類、雞蛋、家禽類、豆類	去皮的雞肉等家禽類；脂肪較少的牛肉；豬瘦肉部位；蛋白、豆腐、豆類、含糖量較少的豆漿、魚類 ＊料理方式：煮、蒸、不加油的烤、燉（清淡地）	含糖量高的豆漿、五花肉或牛排等高脂肪肉類，肉類加工品（香腸、火腿等） ＊料理方法：炸、放很多油來烤
牛奶和乳製品	低脂或無脂牛奶和乳製品	全脂、巧克力牛奶、草莓牛奶等乳製加工品、鮮奶油（生奶油）以及冰淇淋
油脂類、糖類	堅果類、橄欖油、芥花油、紫蘇油等植物性油類	乳瑪琳、奶油、砂糖、各類甜點、碳酸飲料、美乃滋
水分攝取	水、茶、不加糖的美式咖啡	加糖漿的飲料

每餐請一定要吃這些東西

一天均衡地攝取 6 種基礎食物種類固然重要，但攝取的方法能讓瘦身更有成效，瘦身的人們中很常會用「早餐蘋果、午餐香蕉或雞蛋、晚餐地瓜或低脂牛奶」等，以限制量的方式來吃對瘦身有幫助的食品，一開始雖然可以減輕體重，但時間一久，會出現體內營養不均衡，反而降低瘦身效果並更想吃其他食物，導致放棄瘦身。正確的瘦身方式是一天正常攝取必須的營養素，要養成每餐都均衡的飲食習慣。

3) 不跳過早餐、午餐、晚餐，每餐都要吃。

規律的用餐對瘦身來說相當重要，用餐不規律的人就算一天吃一餐，身體會把一定量的卡路里先儲存為體脂肪，但用餐規律的人，身體會把攝取的卡路里全部消耗，一天三餐是最少的用餐次數，最好能均衡地分配早、中、晚食用的分量。

常會因早上忙碌而隨便吃早餐，這時要注意的一點是一定要攝取蛋白質食品，有充分的蛋白質就能供應固定的卡路里，提供吃中餐前的體力，並避免中餐吃太多。

中餐最好能包含碳水化合物、蛋白質、些許脂肪等食物，依照一天活動量來調整攝取分量。

晚餐攝取的分量最好比早餐、午餐來的少，但晚上時常會有聚會或約會，而導致晚上吃太多，所以這時可自我調整，減少中餐所吃的分量。

4. 設定瘦身期限

瘦身雖然是一生的課題，但還是需要策略。要在短時間內達成瘦身目標體重並不容易，就算是達到體重目標，也可能因為過度激烈的瘦身方法而回到原本的體重，這是「調節點（Set Point）」現象所導致，所謂的調節點是身體受到外部刺激後，身體為了保護自己而進行抵抗，即使過了一段時間，我們的身體適應改變後的生活習慣，達到有效地減少體重。因此設定太長的時間，很容易會中途放棄。瘦身可說是「矯正自己至今的錯誤習慣」，至少需要4週才會有改變效果，所以瘦身的適當時間為4週到6週。

- 1週：記錄自己吃的所有食物
- 2週：減少所吃的脂肪和碳水化合物
- 3～5週：遵守「適量地、均衡地、適時地」原則
- 6週：相信已改變的生活習慣並加以維持

step 02. 進行瘦身

step 03.　　可提高2倍瘦身效果的秘訣

1. 瘦身10原則

- 設定實際的體重目標。
- 瞭解自己一天所需要的熱量（kcal），並調整總攝取量。
- 注意不要攝取過多的脂肪或甜的飲食（糖類）。
- 為了避免消耗到肌肉，要攝取充分的蛋白質。
- 多攝取富有維他命、礦物質、抗氧化營養素、膳食纖維的蔬菜和水果（水果的卡路里較高，需注意攝取量）。
- 限制喝酒的頻率和次數。
- 維持規律、合宜的活動。
- 運動主要以有氧、肌力、柔軟為主的複合運動。
- 30分鐘以上的中度運動（快速步行、雖然喘但是可以跟別人對話的程度），每週進行3～5次。
- 反覆多次地進行短時間運動，對減少體重也有效果，要努力動起來。

2. 各種情況的瘦身秘訣

1) 外食族的瘦身建議

忙碌的現代人普遍都是外食族，又以西方飲食為主，就連家庭對外食的依賴度也越來越高，可是外食帶來撲鼻美味的各種食物，一不小心就會吃太多，該如何解決呢？

善用公司餐廳或成為常換配菜的餐廳常客

公司內如果有餐廳的話，請善加利用，一般來說，公司內的餐廳都是由營養師決定菜色，只要加以調整就能利於瘦身；也可以到能吃許多配菜的餐廳進行「半食法（只吃一半的量）」，並用筷子代替湯匙吃飯。

不吃甜點、多吃蔬菜！

飯後盡量避免喝販賣機賣的咖啡或甜點類的罐頭水果、蛋糕等，若是可在飯前將蔬菜以不淋醬的方式先吃，再吃正餐，避免過度飲食以減少卡路里的攝取。

卡路里較低的食物不一定是好食物！

瘦身的人中常有人使用「單一食物」來進行瘦身，這種方法絕對不行！各位可別忘記一定要攝取各種營養，相互進行營養的調配。進行諮詢，瞭解到很多人會用一些餅乾、一杯牛奶等來充當一餐，問他們為什麼這樣做，他們卻回答正在瘦身，所以沒辦法到餐廳吃飯，就簡單的吃。瘦身時少吃並不是最重要的，因必要營養素（尤其維他命、礦物質等）若不足，會無法讓熱量順利代謝，這麼一來再怎麼努力的瘦身也都不會有成效，可像韓式料理一樣攝取多種蔬菜並選擇脂肪和糖較少的食品（用蒸來代替炸或炒；用生菜代替淋醬的沙拉），也是不可攝取過多。

2) 晚餐分量較多或吃消夜時？

有一句話說「早餐是金、午餐是銀、晚餐是銅」，即使攝取相同的卡路里，越晚吃就越容易胖，為什麼會這樣呢？

「胰島素和胰高血糖激素」荷爾蒙

胰島素可讓血糖維持在一定標準，血糖升高時會將剩下的葡萄糖轉換成脂肪，儲存在脂肪組織的賀爾蒙；胰高血糖激素則是相反，也就是分解脂肪細胞的賀爾蒙。白天分泌的胰高血糖激素，把卡路里轉換成脂肪的量雖然少，但晚上不分泌胰高血糖激素，活動量也不大的情況下，所攝取的食物很容易累積成脂肪。

交感神經系統和副交感神經系統

交感神經系統就像是活潑的孩子、副交感神經系統則像是沉睡的孩子，白天為了活動，交感神經較活躍；晚上休息時則由副交感神經活動，因此太晚吃飯就像是在休息狀態時給予工作一樣，這樣會讓神經系統混亂，身體為了讓這混亂停止，會把所攝取的食物轉換成最方便的脂肪。

晚上太餓的話怎麼辦？

請先確認自己是真的餓還是生理上的餓。瘦身的人大部分都覺得自己吃的少，所以很容易感到肚子餓，這時可透過散步或伸展運動來忘記飢餓，不妨試著吃小黃瓜、胡蘿蔔、高麗菜等生菜條或小番茄等跟水一起吃，蔬菜包含的纖維素和大量的水可幫助產生飽足感。

3) 在外聚餐時的瘦身建議

在聚餐或酒席中該如何選擇下酒菜？
- **請避開脂肪較多的下酒菜（炒、炸類）和辣、鹹的食物。**→五花肉、炸雞或中華料理等油脂較多的下酒菜，不僅卡路里高也會在體內存留比較久，會讓腸道內發出惡臭或引發脂肪肝；辣又鹹的食物會讓人口渴而不小心多喝幾杯，所以建議用蒸蛤蠣或生魚片等食物與蔬菜一起食用。
- **請選擇含有許多食用纖維和維他命的水果或蔬菜。**→含有許多抗氧化物質的水果或蔬菜，有助於分解酒精並用活化的酵素來解酒，所以喝酒時請一定要多攝取小黃瓜或高麗菜等蔬菜。

經常會有酒席要參加的話？
請養成先做好行程計畫的習慣，如果參加酒席的次數是問題的話，那就養成以週來調整次數的習慣；若是習慣喝太多，則須盡量不要參與酒席並訂定回家時間。

3. 積沙成塔！NEAT運動法

「NEAT（Non-Exercise Activity Thermogenesis）運動法」是指「非運動活動中產生熱量的運動法」，透過日常生活的活動習慣來提高卡路里消耗的方法，一般人一天需消耗的總卡路里為70〜85%，經由這樣的非運動活動可以增加20%的熱量消耗。

在生活中實踐NEAT運動法

- 爬樓梯
- 在前一站公車站下車步行
- 打掃
- 飯後散步
- 力行一天走一萬步
- 搭地鐵時站著
- 站著與人交談
- 邊走動邊講電話
- 看電視時以端正的姿勢坐著

瘦身必殺技

4. 低卡路里料理法

一般來說，一天內攝取的10%卡路里可根據醬料的卡路里、料理的方式，最少可減少150〜300kcal左右。

1) 各食材的料理法
①穀類
- 炒飯、咖哩飯、蓋飯等碗類料理時，需注意油類的使用量。
- 麵類要注意醬料的使用，湯麵比拌麵好，醬料不可太鹹。
- 煮的比炸的好（煮地瓜比炸地瓜好）。

②魚類、肉類及家禽類
- 肉類請使用脂肪較少的部位（牛腱、里肌等），或去除脂肪後使用；家禽類也是選擇脂肪較少的部位（里肌、雞胸肉等），去除表皮後烹煮。
- 避免添加許多糖類的料理方法（糖醋肉、辣炸雞丁等）。
- 避免用炸的，善用蒸或烤箱的料理方法。

③蔬菜類及水果類
- 請注意沙拉的醬料。
- 直接吃生菜或水果比淋醬食用來的好。
- 請使用生食或醋醃的料理法。
- 乾燥的蔬菜或水果因無水分，熱量會比較高，需注意攝取量。

2) 其他料理方法
- 用糖漿或果糖來代替砂糖。
- 醬料的使用順序為砂糖→醬油→鹽巴（砂糖的分子比醬油或鹽巴來的大，較慢被食材吸收，因此先放砂糖後再調整鹹度。）
- 使用油類料理時，先倒點油在平底鍋繞一圈後，用廚房紙巾擦拭後再料理。
- 使用量杯和量匙。

5. 自我關心

進行瘦身時，最重要的是注意自己身體的變化，飯後運動雖然也很重要，但意識到自己目前的狀態（體型、體脂等）後再行動，可增加瘦身的慾望。

1) 站在全身鏡前觀察自己的身體
早上、晚上洗澡前，先站在鏡子前觀察自己的身體。

2) 週期性地測量並記錄體重及體脂
早上剛起床或上完廁所後量體重是最準確的，一週測量一次，若有1～2kg的變化，則需注意最近的生活模式。

3) 記錄自我飲食、運動、情緒
確認是否有確實進行瘦身的最好方法就是記錄。

	記錄內容	想瞭解的內容
飲食記錄	用餐時間及地點、食物種類和分量、一起吃飯的人、用餐情況等	一天的總攝取量、食物內容（是否營養均衡）、飲食習慣等
運動記錄	運動時間及地點、運動種類及強度、一起運動的人、運動情況等	運動量、喜歡VS不喜歡的運動種類、運動後的情況等
情緒記錄	時間、事情、情緒、程度、情緒反應等	確認是否為情緒上的暴飲暴食

6. 瘦身時出現的困難及解決方案

瘦身雖是個辛苦的過程，但唯獨享受這過程的人才能成功。努力地享受當下（想到瘦身後的喜悅、用小成就來稱讚自己）就可獲得好結果。

1) 很難克服飢餓時
瘦身時會想到的困難點就是飢餓，能找到處理飢餓的方法是最重要的。
- 預想到自己會感到飢餓。
- 減少攝取可路里較高的食物，這樣才能吃更多食物，減少飢餓感。
- 努力在固定區間的時間內吃飯。
- 一天不建議攝取1,200kcal以下，過度減少攝取量會讓基礎代謝率減少，容易引起溜溜球現象。
- 渡過肚子餓的時間後會減少飢餓感，因此當肚子餓時不妨到別的地方做活動來分散注意力，舉例來說，若是辦公的上班族，可以邊聽音樂邊散步（走到看不見餐廳的地方），或是休息時間時跟朋友傳訊息或講電話。

2) 吃過飯或吃過點心，卻還是一直想吃時

減少環境的刺激

規律地吃有營養且對身體有幫助的食物或點心，卻還是想吃東西時，必須要避免環境上的刺激，如不保留會引誘自己的食物，避免看到想吃食物、保管食物的地方，或是用餐時間過後不去餐廳等。

平靜想吃的衝動

瞭解過了特定時間之後，想吃的衝動就會消失是很有幫助的。突然有想吃的衝動時，透過運動、跟朋友聊天、洗澡或泡澡等可安撫想吃東西的想法。

找出並調整固定吃飯時間外吃東西的原因

我們很常會因免費、不安、憂鬱、憤怒等負面情緒影響，用吃來撫平這類的情緒，但不妨用鍛鍊力量來安撫情緒；用其他積極活動來代替吃東西，聽聽音樂或到KTV唱歌等轉換心情的活動也會有幫助。

3) 防止暴食

暴食會像彈簧一樣，因吃太少或受限於食物而有反彈的情況發生，也會伴隨著焦慮、憂鬱、不滿、憤怒等負面情緒。有暴食情況時，最好能慢慢調整為三餐定時，不禁止自己吃喜歡的食物，而是以細細品嚐的方式來改掉暴食的習慣。

4) 很常吃太多時

請跟身邊的人們比較看看，一起吃東西時是否從頭到尾都使用湯匙或是吃太快？有這情況時，請先將盛裝在碗裡的食物量減少或慢慢留下碗裡吃剩的分量。必要時使用較小的容器裝填食物也會有幫助，如此一來食物量減少，攝取熱量密度較低的食物後，就可以吃更多種類的東西。

5) 覺得食物種類單調乏味時

體重未下降的話，可能跟食物的種類太少有關，應吃各種食物來減輕體重，且最好避免高脂、高卡路里的食物。這裡要注意的不僅是要減少攝取高卡路里飲食，而是養成攝取健康食物的好習慣。

6) 過度堅持不吃特定食物的話

過度限制某種食物，可能會導致「不是好就是壞」的問題發生，嚴格來說這世界上沒有不好的食物，不可能永遠都不會吃到某個食物或是都吃某個食物。多虧了瘦身的幫忙，雞胸肉的銷量增加許多，開始瘦身時會把冰箱放滿雞胸肉的人，到最後卻常丟掉吧！請記住，均衡的飲食比單吃某樣東西或不吃某樣東西來的重要。

7) 要求過度死板的瘦身規則

減重常見的其中一個難題，就是對瘦身的方向不靈活，照著死板固定的規則走，這樣會造成「不是好就是壞」的問題發生，只要產生一些問題就會完全失敗，讓先前的努力化成泡影。需努力且夠靈活才能克服長時間的瘦身計畫，但也要小心太過放縱。

瘦身必殺技

8) 擁有非現實的瘦身體重目標時

當經過特定時間後，依然沒有減到一定數目的體重時，很可能會灰心地放棄，人們不是機器，需要長遠、全面性地計畫，不妨訂出長期和週間的目標來逐步邁進。

9) 為了欺哄內心而吃東西時

最需要改掉的是認為食物可以帶來平靜或是把食物用當作獎勵的習慣，其中有效的解決方法，就是當有想用食物獎勵自己或撫平心情時，努力地拖延15分鐘，這樣想吃的慾望就會減少，並努力找尋除了食物以外，可以獎勵自己或帶來平靜的其他方法。

10) 克服想放棄的心態

瘦身時無法維持減重後的體重，大部分會有以下三種情形。

設定不實際的體重目標

當沒達到所設定的目標體重，就會覺得自己不需要維持已經變瘦的體重，又回到原本的體重。若瘦身目標為10kg卻只瘦了2kg，那麼瘦2kg的狀態應該要維持管理3個月以上，這樣身體才會認定這是自己的調節點（Set Point），進而維持該體重。

長時間的極端飲食限制

若為了控制體重而長時間地限制飲食，會令人感到疲憊而放棄，此時體重會再次增加。

不瞭解「成功的維持體重」是什麼意思

很多人一但瘦下來，就覺得體重會自動地維持，但各位一定要記住「維持體重是與一生的飲食和運動相互調整與調和的主動過程」。要從自己為何要減重的出發點來重新思考。

減少10～15%體重後可獲得的好處

- 變漂亮，腰圍減少，可穿的衣服尺寸也相對變小。
- 身體感到健康、自信心提升、懂得自我尊重，用自信開始著手過去幾年內沒有做到的事。
- 不再受到對健康不好的肥胖影響。
- 身體變健康，更有活力，疲倦感逐漸減少。

想放棄時，不妨重新設定瘦身目標，最理想的減重目標為減去自己目前體重的10～15%，並比較一下瘦身後可獲得的好處和自己現在的樣子，哪一個比較好？請設定實際的瘦身目標，比起要瘦幾公斤，不如要求自己瘦到能穿下的褲子尺寸來的實際。

step 04. 瞭解成人肥胖

1. 飲食習慣和成人肥胖

1) 用餐時間
用餐後消化吸收過程所使用的能量是早上較高、晚上較低，因此即使是相同的食物，在晚上吃所消耗後的多餘熱量會被儲存起來，所以晚上一次吃大量的食物或吃太多消夜很容易會造成肥胖。

2) 用餐次數
- 用餐時間應1天規律地分配成3次，且用餐時間固定。少量多餐的話，可讓身體減少從飢餓狀態變成吃太多的情形，用餐後消化吸收的過程中所使用的能量也會增加。
- 一天只吃兩餐的話很容易吃太多，空腹時間變長代表基礎代謝率變低，身體所使用的能量減少，而把多餘的熱量儲存成脂肪。

3) 用餐速度
- 體重過重的人普遍都是吃飯速度較快的人。
- 為了產生飽足感，至少需要20分鐘的時間慢慢進食，讓飽足的信號傳達到大腦產生飽足感；相反地用餐速度快的人無法感到飽足，持續吃入過量的食物。

4) 宵夜症候群
指一天攝取的卡路里中，最少有25%以上是在晚餐後到隔天早上之間內攝取，是肥胖人們最常看到的進食障礙之一。

瘦身必殺技

2. 女性肥胖與男性肥胖

1) 女性肥胖
①反覆減肥失敗
減少食量會讓身體的基礎代謝率減少，而節省熱量；反覆地瘦身，會讓身體成為少使用熱量的狀態，讓基礎代謝持續低落容易造成肥胖，所以瘦身不是不吃東西，重要的是要養成健康的飲食習慣。

②停經
雌激素減少後也會減少身體的熱量消耗，使得基礎代謝降低，容易儲存脂肪，尤其常囤積在腹部，增加慢性疾病的危險，所以停經後需減少食量來維持體重。

③懷孕中的營養過剩
懷孕初期一天應多攝取150kcal，中、後期需多攝取350kcal才能供應充足的營養，但懷孕時若增加太多體重，會很難順利分娩且增加妊娠中毒的危險性。

④生產後的營養過剩
生產時使用了許多能量，但產後調理時卻不怎麼活動身體，導致食量增加後很容易會儲存成體脂肪。

2) 男性肥胖（職場肥胖）
①頻繁聚餐
- 酒雖可產生與脂肪相似的熱量（1g＝7kcal），但實際上卻是個沒有營養素的無營養卡路里食品（Empty Calorie Food）。
- 如果一定要喝酒，請選擇酒精濃度較低的酒類（選擇酒精濃度4～5%的啤酒、燒酒則為15～16%的濃度）。
- 很常因下酒菜而肥胖，需多加注意。

②頻繁外食
- 外食大部份包含許多脂肪和糖類，味覺容易受刺激而不小心吃太多。

③加班
- 上班族晚上常會吃泡麵、年糕等麵食後，回家再吃晚餐。
- 晚餐時間需以正餐為主，下班後若感到肚子餓時，不妨可先吃一些水果或一杯低脂牛奶來止飢。

④不規律的飲食習慣
- 常會因前一晚吃了宵夜後，早上就沒胃口而不吃，或早餐簡單地吃過後中午大量進食。
- 需注意長時間空腹後，會增進食用後所攝取食物的卡路里儲存為脂肪，須多加注意。

step 05. 瘦身的捷徑「養成喝水習慣」

喝充足的水不僅能讓身體運作機能順暢，幫助排出瘦身時分解的許多物質，還能刺激腸道，使排便順暢，而且肚子餓時喝水可減少飢餓感，飯前一杯水則能有飽足感並減少所吃的分量。

養成喝水的習慣
- 早上起床後喝一杯水。
- 飯前喝一杯水。
- 不是吃飯時間但感到飢餓時，喝一杯水，喝完10分鐘後還是餓的話，可吃一些點心。
- 咖啡或茶裡的咖啡因有利尿作用，可能會引起脫水，所以要注意一天的攝取量。
- 在身邊放杯水，可隨時飲用。

step 06. 瞭解時下流行的瘦身方法

區分	方法	特徵	種類
禁食	只喝水，不吃任何含有卡路里的食物。	• 減重階段主要會損失體水分和體蛋白質。體重增加階段則會增加體脂肪，體內脂肪比例增加。 • 副作用：醋酮血症、低血壓、膽結石等。	
高蛋白質、低碳水化合物瘦身法	以含有許多蛋白質的肉類、魚類、雞肉、雞蛋、牛奶、起司為主，限制穀類、水果和蔬菜中包含碳水化合物的部份食品。	• 依照食物攝取的限制會產生維他命、礦物質的攝取量不足；碳水化合物攝取量少則會產生醋酮血症、體質酸化、血中乳酸增加、噁心、疲勞、脫水等。 • 高蛋白質飲食的飽和脂肪酸或膽固醇含量較高，增加罹患心血管疾病的風險。	阿特金斯瘦身法 丹麥瘦身法
低碳水化合物瘦身法	以高蛋白質為主，但一天會攝取一餐少量的碳水化合物。	• 可攝取雜糧等複合碳水化合物的食物，限制砂糖、葡萄糖、果糖等單純含糖的水果、果汁、麵包、馬鈴薯、咖啡因飲料、零食等。 • 碳水化合物攝取量不足，有罹患醋酮血症的危險。	區間瘦身法 day Miracle瘦身法 糖類終結者瘦身法 血糖指數瘦身法
高碳水化合物、低脂肪瘦身法	減少脂肪的攝取量，控制砂糖或調物料，並食用水果、蔬菜、穀類等水分較多的碳水化合物。	• 膳食纖維充足但可獲得飽足感的蛋白質，尤其必要氨基酸、維他命、礦物質不足，長期下來可能會產生骨質疏鬆症、貧血等問題。	鈴木瘦身法 比佛利山莊瘦身法 粥瘦身法
單一食物瘦身法	單一食品持續食用	• 很難長久維持，不僅過度限制卡路里也限制所有營養的攝取，很可能會極度缺乏營養，容易產生溜溜球現象。	水果瘦身法 蔬菜瘦身法 玉米瘦身法 黃豆瘦身法

高脂肪低碳水化合物瘦身的虛與實

高脂肪低碳水化合物瘦身要點整理

❶ 攝取較多高脂肪（60～90%）跟一些碳水化合物（0～10%）。
❷ 主要吃有油脂分布的豬肉、牛肉和奶油、起司等。
❸ 一天只吃一碗飯。
❹ 可一次吃多、吃到撐為止。

最近獲得熱烈討論的瘦身方法就是「高脂肪低碳水化合物」。很多人跟著報導，覺得吃越多脂肪就可以瘦身，對身體也好，早餐以放入奶油的咖啡開始一天，中餐以沒有麵包的漢堡肉為主，晚餐則用奶油烤五花肉吃，這就是高脂肪低碳水化合物菜單，這對以前瘦身的人來說根本想不到，但有人實際照著菜單而瘦，還有心臟疾病或糖尿病照著菜單也沒任何問題，反而研究結果有好轉的現象，真的吃越多脂肪，少吃碳水化合物對身體就是好嗎？

這種情況在韓國五個學會（大韓內分泌學會、大韓糖尿病學會、大韓肥胖學會、大韓營養學會、大韓脂質動脈硬化學會），共同發表了認為「高脂肪低碳水化合物菜單」很難達到長期減重的效果，而且會導致營養學上的問題，這些學會們擔心的「高脂肪低碳水化合物菜單」理由如下：

01 日常菜單裡避免攝取過多的碳水化合物，將碳水化合物減少到占整體卡路里的5～10%，脂肪攝取則要增加到70%的非正常飲食法。

02 「高脂肪低碳水化合物菜單」在短期內可看到體重減少的效果，但長期下來無法有成效，這個飲食法在初期可給予飽足感而抑制食慾，所吃的食品種類也有所限制，短期內可看到減重效果，不過很難長期維持，在實際研究期間中斷的比例相當高。

03 過度攝取脂肪中的飽和脂肪，會讓LDL膽固醇（壞膽固醇）指數增加，提高罹患心血管疾病的風險，無法攝取各種食物會造成微量營養素的不均衡和減少纖維的攝取；過度吸收脂肪和纖維素的減少，會讓腸道內微生物起變化，引起酸化讓身體產生發炎反應。

04 極端地限制碳水化合物的攝取也會造成體內酮酸的增加，我們的身體會為了抵擋酸性化會對肌肉和骨頭帶來不好的影響、往腦部輸送的葡萄糖減少、注意力下降，對身體有利的複合糖質也會不足。

學會提出健康菜單的3點實踐事項

❶ 確實掌握自己的飲食習慣。
❷ 減少對身體不好的純糖和飽和脂肪。
❸ 高血壓、糖尿病、心血管疾病患者須慎重地選擇菜單。

瘦身的不變真理是維持「卡路里的紅字狀態」，要適當地飲食和多運動，為了獲得長時間的瘦身效果，要瞭解自己需要什麼樣的「主要營養素（碳水化合物、脂肪、蛋白質）的比例」，用適合自己的健康菜單並減少卡路里是最理想的。

烹煮不會變胖的營養飯

糙米飯

糙米含有植酸，有助於體內毒素排出，也有抑制脂肪吸收的效果，對瘦身有幫助。

糙米：1杯、水：1又1/2杯

01 把糙米清洗乾淨後浸泡12小時，或前一天裝水後放進冰箱，需要時使用。

02 把泡過水的糙米除去水分後，放入鍋中倒入適量的水後開大火煮。

03 煮7～8分鐘後轉小火，悶煮20～22分鐘，關火後上下攪拌即可蓋上蓋子，等待20分鐘悶熟。

薏仁飯

薏仁有助於排出堆積在血管裡的脂肪，並給予飽足感，有抑制食慾的效果，是非常建議肥胖患者食用的穀類。

糙米：2/3杯、薏仁：1/2杯、水：1又3/4杯

01 把糙米和薏仁清洗乾淨後浸泡12小時，或前一天裝水後放進冰箱，需要時使用。

02 把步驟①的水分去除後，放入鍋中倒入適量的水後開大火煮。

03 煮7～8分鐘後轉小火，悶煮20～22分鐘，關火後上下攪拌即可蓋上蓋子，等待20分鐘悶熟。

小扁豆飯

小扁豆擁有豐富的蛋白質、纖維、鈣質、葉酸、鐵質、維他命B等營養素,建議營養不足時可食用。

小扁豆:1/2杯、白米:1杯、水:1又3/4杯

01 把小扁豆和白米清洗,浸泡30分鐘冷水後,把水分瀝乾。

02 把步驟①放入鍋中,倒入適量的水後開大火煮。

03 煮7~8分鐘後轉小火,悶煮8分鐘,關火後上下攪拌即可蓋上蓋子,等待20分鐘悶熟。

藜麥糙米飯

擁有豐富營養素的藜麥被選為世界十大健康食品之一,不含會引發過敏的麩質,對消化有障礙的人有幫助。

糙米:1杯、藜麥:1/2杯、水:2杯

01 把糙米清洗乾淨後浸泡12小時,或前一天裝水後放進冰箱,需要時使用。

02 把步驟①的水倒掉後,跟藜麥一起倒入鍋中,加入適量的水後開大火煮。

03 煮7~8分鐘後轉小火,悶煮20~22分鐘,關火後上下攪拌即可蓋上蓋子,等待20分鐘悶熟。

雜糧飯

雜糧擁有蛋白質及各種礦物質、維他命等營養成分,可提升免疫力。

雜糧(或雜穀飯):1杯、水:1又2/3杯

01 把雜糧混合後洗乾淨,浸泡12小時。

02 把步驟①的水分去除後,放入鍋中倒入適量的水後開大火煮。

03 煮7~8分鐘後轉小火,悶煮20~22分鐘,關火後上下攪拌即可蓋上蓋子,等待20分鐘悶熟。

02.

製作健康瘦身的醬料

1) 活用傳統醬類的醬料

雞胸肉包飯醬

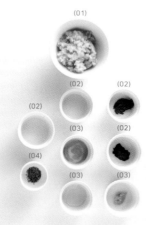

🛒 **準 備 材 料**

物品	數量
(01) 雞胸肉（碎肉）	1片
(02) 辣椒醬、醬油、水、清酒	各1小匙
(03) 麻油、蒜泥、蜂蜜	各1/2小匙
(04) 胡椒粉	少許

01

在平底鍋內倒些水，翻炒碎雞胸肉。

02

慢慢把雞胸肉炒到熟。

03

倒入醬料。

04

均勻拌炒後，慢慢收汁。

調味醬

準備材料

物品	數量
(01) 鯷魚湯汁	1/2杯
(02) 家中大醬、碎豬肉	各1大匙
(03) 櫛瓜	1/4條(90g)
(04) 洋蔥（中型）	1/6顆(30g)
(05) 青陽辣椒	1/3根
(06) 馬鈴薯（中型）	1/6顆(20g)
(07) 蒜泥	1/3小匙

01

洋蔥和青陽辣椒切碎。

02

櫛瓜切碎。

03

馬鈴薯削皮後放在磨泥器磨。

04

把豬肉和家中大醬倒入鍋裡，小火拌炒到略焦。

05

把鯷魚湯汁倒入步驟④，再把步驟①的洋蔥、青陽辣椒及步驟②的櫛瓜、蒜泥倒入後均勻拌炒，直到櫛瓜熟透為止。

06

再用中火煮5～6分鐘，倒入磨過的馬鈴薯後，再稍微熬煮1分鐘。

 料理秘訣

不放豬肉也可以。

牛肉炒辣椒醬

🛒 準 備 材 料

物品	數量
(01) 碎牛肉	100g
(02) 辣椒醬、辣椒粉	各1大匙
(03) 蒜泥	1/4小匙
(04) 蜂蜜	1小匙
(05) 麻油、芝麻、葡萄籽油	各1/3小匙
(06) 清酒	1大匙

01

把碎牛肉、蒜泥、芝麻以
外的材料倒在一起混合。

02

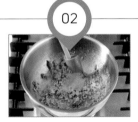

在平底鍋裡倒些麻油和葡
萄籽油混合後，把蒜泥、
碎牛肉放入拌炒，分2次
倒入一大匙水後拌炒。

03

倒入①的醬料後把多餘的
水收乾，最後再倒入
芝麻，完成。

👨‍🍳 料理秘訣

**可用一些胡椒粉來消除牛
肉腥味。**

2) 蔬菜醬料

洋蔥醬料

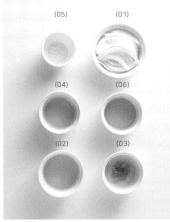

(05) (01)

(04) (06)

(02) (03)

🛒 準 備 材 料

物品		數量
(01)	洋蔥絲	50g
(02)	糙米醋	4小匙
(03)	蒜泥	1/4小匙
(04)	蜂蜜	1小匙
(05)	鹽巴	1/3小匙
(06)	葡萄籽油	2大匙

01

將洋蔥絲泡水30分鐘，去
除辛辣感後把水瀝乾。

02

洋蔥絲倒入攪拌機中。

03

把糙米醋、蒜泥、蜂蜜、
鹽巴倒入②，再加入一大
匙葡萄籽油打碎。

3) 運用豆類的醬料

豆漿優格沾醬

物品	數量
(01) 豆漿	3大匙
(02) 低脂優格	2大匙
(03) 橄欖油、醋	各2小匙
(04) 荷蘭芹	2小匙
(05) 檸檬汁	2小匙
(06) 鹽巴、胡椒粉	各少許

01

碗內倒入優格、橄欖油、
檸檬汁、醋、鹽巴、胡椒
粉後仔細混合。

02

把豆漿倒入步驟①的
碗中。

03

將荷蘭芹粉放到步驟②
後,仔細攪拌。

鷹嘴豆沾醬(鷹嘴豆泥、hummus)

🛒 準 備 材 料

	物品	數量
(01)	鷹嘴豆(馬豆)	100g
(02)	炒過的芝麻、檸檬汁	各1大匙
(03)	炒過的杏仁	10顆
(04)	蒜泥	1小匙
(05)	水	1/2～3/4杯
(06)	橄欖油、鹽巴	各少許

01

把鷹嘴豆洗乾淨後倒入足夠的水，浸泡12小時後把水分瀝乾。

02

將已發脹的鷹嘴豆倒入鍋中，加入3杯水及少許鹽巴，以大火烹煮，水滾後轉小火，煮40分鐘讓豆子熟透。

03

把熟透的鷹嘴豆瀝乾後倒入攪拌器中，再放入其他材料仔細打碎，最後放些橄欖油攪拌幾下即可倒出。

👨‍🍳 料理秘訣

材料跟水一起攪拌時，先倒入1/2杯的水打勻再加入剩下的水。

4) 運用橄欖油的淋醬

義大利香醋橄欖油

🛒 **準 備 材 料**

(01) 特級初榨橄欖油：1大匙
(02) 義大利香醋：2小匙
(03) 鹽巴、胡椒粉：各少許

檸檬橄欖油

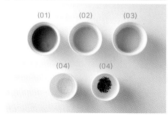

🛒 **準 備 材 料**

(01) 特級初榨橄欖油：2大匙
(02) 檸檬汁：2小匙
(03) 蜂蜜：1小匙
(04) 鹽巴、胡椒粉：各少許

法式黃芥末橄欖油

🛒 **準 備 材 料**

(01) 特級初榨橄欖油：3大匙
(02) 法式黃芥末(黃芥末醬)：2小匙
(03) 醋：2大匙
(04) 鹽巴、胡椒粉：各少許

芥末橄欖油

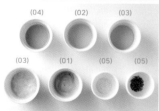

🛒 **準 備 材 料**

(01) 芥末：1/2大匙
(02) 醋：1又1/2大匙
(03) 碎洋蔥、蜂蜜：各2小匙
(04) 特級初榨橄欖油：1小匙
(05) 鹽巴、胡椒粉：各少許

石榴橄欖油

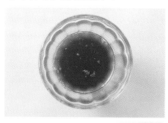

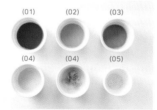

🛒 **準 備 材 料**

(01) 石榴果汁：2大匙
(02) 特級初榨橄欖油：1大匙
(03) 紅酒醋：1小匙
(04) 檸檬汁、蒜末：各1/2小匙
(05) 鹽巴：1/4小匙

03.　　　　　一般瘦身料理的秘訣

1) 健康的麵食

去除油脂的泡麵

🛒 **準 備 材 料**

	物品	數量
(01)	泡麵、青陽辣椒	各1個
(02)	洋蔥	1/2顆
(03)	大蔥	1/2根
(04)	水	500ml
(05)	調味料	1/3包

01

洋蔥切細。

02

大蔥和青陽辣椒斜切。

03

把洋蔥和麵放入滾水中，
煮2分鐘後先將麵
撈出來。

04

再次把水煮滾後放入麵和
調味料。

05

將步驟④放入步驟②的大
蔥和青陽辣椒後煮20～30
秒後關火。

健康的炒年糕

準備材料

物品	數量
(01) 高麗菜葉	2片
(02) 洋蔥、胡蘿蔔	各1/6顆
(03) 辣椒粉	2大匙
(04) 辣椒醬、蒜末、果糖	各1大匙
(05) 韓式醬油	2小匙
(06) 大蔥：1/2根	(08) 蒟蒻：250g
(07) 圓形年糕：10個	(09) 水：1杯

01

洋蔥切成條狀、胡蘿蔔切成半圓型。

02
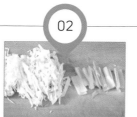

高麗菜葉切成條狀，大蔥直的切半後分成 4 等份。

03

蒟蒻切成與圓形年糕一樣的大小。

04

把蒟蒻放入鍋中拌炒1～2分鐘後加入2大杯水，拌炒1分鐘後過冷水。

05

倒入2大杯水，把高麗菜葉和步驟①的材料放入鍋中翻炒。

06

放入步驟⑤的蒜末、洋蔥絲、年糕及炒過的蒟蒻。

07

加入1杯水和韓式醬油，等待水稍微收乾後倒入辣椒粉，煮滾後再加入辣椒醬和果糖。

08

年糕熟透後再放入大蔥即可關火。

2) 製作低鹽湯品

黃豆芽湯

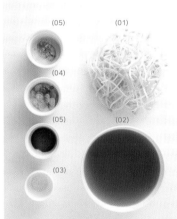

🛒 準 備 材 料

物品	數量
(01) 黃豆芽	200g
(02) 鯷魚湯汁	2杯
(03) 鹽巴	少許
(04) 切細的大蔥	1大匙
(05) 蒜末、韓式醬油	各1小匙

01

整理黃豆芽,把空殼和尾巴拔除後洗乾淨。

02

大蔥切細備用。

03

把黃豆芽和水1/2杯及鹽巴放入鍋中,蓋上蓋子以中火煮2~3分鐘,等待黃豆芽熟透。

04

放入蒜末後均勻拌炒。

05

倒入鯷魚湯汁轉大火煮滾。

06

放入大蔥和韓式醬油,煮滾後關火。

菠菜湯

準備材料

物品	數量
(01) 菠菜	200g
(02) 鯷魚湯汁＋水	2杯＋1杯
(03) 大醬、切細的大蔥	各1大匙
(04) 蒜末	1小匙

01 切除菠菜根部後清洗乾淨。

02 在滾水中川燙10秒後，放到冷水中冰鎮後把水分去除。

03 把鯷魚湯汁和水倒入鍋中，煮沸後將大醬融在湯中。

04 把川燙過的菠菜放入滾水中，蓋上蓋子以大火煮4～5分鐘。

05 放入蒜末。

06 再放入切好的大蔥，煮滾後關火。

料理秘訣

把生菠菜直接放入滾水中的話，會讓湯汁變黑，最好先川燙後再放入湯汁中。且因還會再把菠菜放入湯中煮，所以稍微川燙即可。

海帶湯

準備材料

	物品	數量
(01)	乾海帶	10g
(02)	鯷魚湯汁	2杯
(03)	水	2杯
(04)	麻油、蒜末	各1小匙
(05)	韓式醬油	1大匙

01 乾海帶洗乾淨後加水，浸泡30分鐘後取出，把水瀝乾。

02 鍋子加熱後，加入2大匙鯷魚湯汁及1匙麻油。

03 放入泡過水的海帶和蒜末。

04 用中火把海帶炒到青綠。

05 步驟④倒入鯷魚湯汁和1杯水，用大火煮滾後轉至中火慢慢煮，這時湯汁若減少，可視情況加入1杯水。

06 等到海帶充分煮軟，湯汁變稠後，倒入韓式醬油，再次煮滾。

海帶冷湯

	物品	數量
(01)	乾海帶	10g
(02)	鯷魚湯汁	2杯
(03)	醋	3大匙
(04)	果糖	1大匙
(05)	韓式醬油	1/2大匙
(06)	大蒜汁	1小匙
(07)	綠、紅辣椒	各1/3根
(08)	小黃瓜1/4條 (09) 洋蔥1/6顆	

01

乾海帶洗乾淨後加水浸泡30分鐘後取出，把水瀝乾。

02

鍋裡倒入2大匙鯷魚湯汁、大蒜汁、瀝乾的海帶，均勻拌炒後放涼。

03

小黃瓜和洋蔥切絲。

04

綠、紅辣椒也切好備用。

05

碗內倒入鯷魚湯汁、醋、果糖、韓式醬油後混合，放入冰箱冷卻。

06

把放涼的海帶和小黃瓜絲、洋蔥絲及辣椒片放入碗裡，倒入步驟⑤的冷湯。

準備最具代表的瘦身健康食材

處理及川燙青花菜

🛒 準 備 材 料

1顆青花菜、適量小蘇打粉、少許鹽巴

01 青花菜切成小朵，較堅硬的根部切除後，莖的部分則切成適合一口吃的大小。

02 將整理過的青花菜放入碗中，倒入適量的小蘇打粉和水稍微清洗過後放置5分鐘，再用水沖洗後瀝乾。

03 加水煮滾後，加入少許鹽巴並川燙30秒到1分鐘，用冷水沖過後瀝乾即可。

煮雞胸肉

🛒 準 備 材 料

1塊雞胸肉、煮雞胸肉的水(水量須剛好蓋過雞胸肉、鹽巴1又1/2～2小匙、清酒2～3大匙、1片昆布(5X5cm))

01 雞胸肉用水洗淨後，用桿麵棍或刀背輕輕敲打。

02 除了清酒以外，鍋內放入水、鹽巴及昆布等材料後煮沸。

03 關火後將昆布取出，並放入清酒和雞胸肉，蓋上鍋蓋放置20分鐘，最後把雞胸肉拿出來並用保鮮膜包好。

蒸地瓜、南瓜、馬鈴薯

01

馬鈴薯洗乾淨帶皮切成適合吃的大小。

02

南瓜洗乾淨後剖半，把裡面的籽挖乾淨，切成適合吃的大小。

03

小馬鈴薯洗乾淨連皮切半。

04

把所有材料分別裝在碗裡，包上保鮮膜後放入微波爐加熱2～5分鐘。

去除高麗菜心後蒸煮

01

高麗菜葉放在砧板上，用刀去除較硬的菜心部分。

02

整理過的高麗菜整齊地放入蒸鍋內，蓋上鍋蓋蒸熟。

炒堅果類
(松子、核桃、杏仁)

01

用篩網將堅果類多餘的粉篩掉。

02

乾平底鍋以大火加熱，熱鍋後轉小火，並倒入堅果類，用鏟子撥動以免燒焦，翻炒5～7分鐘至金黃色。

03

倒在大盤子上放涼。松子請用餐巾紙包覆後放入密閉容器裡保管。

煎蛋白

01

將蛋黃、蛋白分開裝。

02

開小火熱鍋後，倒入些許食用油。

03

用廚房紙巾把油擦拭後，倒入蛋白，兩面煎至金黃色。

05.　瘦身測量工具

量匙

1Ts是15g平匙的分量，1ts則是1Ts的1/3量。
※本書的食譜皆使用量匙，以大、小匙標示。

湯匙

1湯匙是15g，用大湯匙填裝時，上方可稍微多出一些。

茶匙

1小匙為5g，用小湯匙填裝時，上方可稍微多出一些。

量杯

可照著刻度精準測量。
※本書的食譜皆用量杯測量。

量秤

測量食材重量時使用。

沒有測量道具時的測量基準

一個紙杯約200ml，圖片為裝滿一杯紙杯的樣子。

手測量法

少許：大拇指跟食指捏起時約2g的分量。

一把：一手可抓或裝的分量。

瘦身料理的基本概念

處理食材

切片

切成3cm大小的正方、長方型，間隔一定厚度的切片方式。

切絲

把切片後的食材整齊疊放後，以0.2cm的厚度切絲或切成0.5cm以上較粗的條狀。

轉著切

小黃瓜、南瓜等切成6～7cm長度後，放在砧板上，從外皮開始一層一層轉著切下的意思。

斜切

將刀轉45度後扁平地切。

剁碎

把大蒜、大蔥、洋蔥等切絲後，再切成細丁。

切半月型

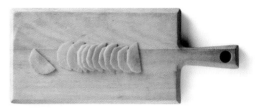

把胡蘿蔔或南瓜切成兩半後，切出想要厚度的半圓形狀。

07.

瘦身專屬
超簡單主題食譜

1) 可當小菜的醋醃食品

醋醃洋蔥

1. 洋蔥去皮後,從中間等比切成3cm大小。
2. 把要醃漬的材料放入鍋中,煮到砂糖融化為止。
3. 將瓶子消毒後放入煮好的洋蔥,進行醃漬。
4. 在室溫下放置一天後,移至冰箱冷藏。

醋醃蓮藕

1. 蓮藕切成適當大小的薄片。
2. 滾水中加點醋後川燙蓮藕。
3. 川燙過後用冷水沖過。
4. 將瓶子消毒後放入蓮藕,進行醃漬。

醋醃小黃瓜

1. 用粗鹽摩擦小黃瓜表皮後用水沖洗乾淨、瀝乾。
2. 把步驟1的小黃瓜切成適當大小。
3. 將瓶子消毒後放入處理好的小黃瓜,進行醃漬。
4. 在室溫下放置一天後,移至冰箱冷藏。

醋醃蘆筍

1. 蘆筍在滾水中川燙2分鐘左右。
2. 把步驟1的蘆筍切成適當大小。
3. 將瓶子消毒後放入處理好的蘆筍,進行醃漬。
4. 在室溫下放置一天後,移至冰箱冷藏。

醃漬水比例

水1又1/2杯(300ml)
醋1/2杯(100ml)
青梅汁4大匙
粗鹽1小匙(5g)

月桂樹葉1片(1g)
丁香3個(1g)
胡椒粒1/3小匙(1g)

※請準備1顆洋蔥、1根小黃瓜、1條蓮藕及3根蘆筍。

2) 熱量不到10卡路里，可幫助瘦身的茶品

美式咖啡

請喝不放糖的原味咖啡，有分解體內脂肪的效果，對調節體重有幫助。

綠茶

有豐富的維他命C，且可抑制皮膚和身體老化。

瑪黛茶

擁有13種維他命和礦物質等營養，可補充體力，運動時飲用可幫助分解碳水化合物，加速卡路里消耗。

牛蒡茶(便秘)

有消除引起肥胖的腸內毒素的功效。

紅豆水(水腫)

有卓越的利尿作用及消除水腫。請用1/4杯泡脹的紅豆和5杯水煮來喝。

黑豆水

有排出體內老廢物質的效果。請把30g黑豆清洗乾淨後，放在平底鍋裡拌炒約7分鐘後倒入3杯水煮滾，太濃時也可加水稀釋飲用。

3) 在家裡可做的超簡單低卡路里下酒菜

胡蘿蔔片

蓮藕片

地瓜片

南瓜片

蘋果片

請這樣做！

將地瓜、胡蘿蔔、蓮藕、
南瓜、蘋果等材料切成薄片
後，放入烤箱烤或曬乾。

4) 可排解壓力的香甜瘦身甜點

柳橙優格

香蕉優格

藍莓優格

葡萄柚優格

紅柿優格

請這樣做！

只要用喜歡的水果加低脂
肪優格享用，就能成為簡
單的甜點。

PART
01

讓身體變輕盈的
果汁&雪泥

在營養學來說，生吃蔬菜和水果是最好的攝取方法，但考慮到一天需攝取的蔬果量為350～400g，喝健康果汁的好處是可一次攝取多種營養。●但販售果汁或雪泥的專賣店所賣的飲料都很甜，為的是要壓過蔬菜的特殊香味或味道，或是想增添風味而大量加砂糖或糖漿。●這部分的食譜介紹了保留蔬菜和水果原本健康風味的秘訣。●用水果或蔬菜製成的果汁來代替用餐，會缺乏蛋白質及飽足感，因此建議跟蛋白質食品（2顆蛋白或100g雞胸肉）一起吃，才能營養均衡。●放入蛋白質食品一起製作的雪泥比果汁更有飽足感，營養價值也比較高，想要兼具健康和飽足感的話，建議各位食用雪泥。

瘦身料理法POINT！

- 市面上販賣的優格含糖量和脂肪量都很高，因此購買時必須確認營養成分和原料，本食譜中是使用無糖低脂（無脂）的希臘優格所製作。

- 豆漿則是選擇不含糖（砂糖）或低糖產品。

- 建議蔬菜分量高於水果。

- 用少量蜂蜜或果糖、楓糖、龍舌蘭糖漿代替砂糖或一般糖漿，來增添風味。

- 推薦把所有材料一起打碎來攝取纖維，而非榨汁。

顯目的紅色果汁

番茄紅椒果汁

40 kcal

5 分鐘料理

🛒 **準 備 材 料**

	物品	數量
(01)	番茄（小的）	1顆
(02)	紅椒	1/2顆
(03)	水	1/2杯
(04)	蜂蜜	1小匙

番茄的主要成分番茄紅素，是抗氧化營養素中最優秀的成分，可提升對病毒和壓力的抵抗力。

🧤 料 理 步 驟

01

紅椒切半後清除中間的籽和白色部分。

02

將步驟①的紅椒切成適當大小。

03

剔除番茄蒂後，切成適當大小。

04

把所有材料放入果汁機中打碎。

👆 瘦身秘訣

番茄跟糖一起攝取的話，會喪失可促進糖分代謝的維他命B，需多加注意。

料理秘訣

1. 若想喝較滑順的果汁，可先將番茄在滾水中稍微川燙後再去皮打汁。2. 番茄使用磨泥器磨過後顏色會更漂亮。

充滿綠色蔬菜和西瓜水分的果汁

蘿美生菜西瓜果汁

41 kcal

5 分鐘料理

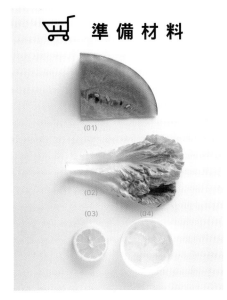

🛒 **準 備 材 料**

(01)

(02)

(03)   (04)

物品	數量
(01) 西瓜(果肉)	150g
(02) 蘿美生菜	1〜2片
(03) 檸檬	1/6片
(04) 冰塊	5顆

蘿美生菜比一般生菜苦味少，口感又脆，很適合做成果汁，蘿美生菜含有豐富葉酸，是對女性、男性健康有益的營養素。

🧤 **料理步驟**

01	02	03	04

去除西瓜皮後，將西瓜果肉切成適當大小。	將蘿美生菜洗淨瀝乾，切成1公分大小。	檸檬去皮、剔除籽後，切成適當大小。	把所有材料放入果汁機中打碎。

🍳 料理秘訣

1. 可用萵苣或生菜來代替蘿美生菜。
2. 西瓜打碎後甜味更加鮮美。

把柳橙的酸甜和胡蘿蔔的甜味相互調合的果汁

番茄柳橙胡蘿蔔果汁

51
kcal

7
分鐘料理

🛒 準 備 材 料

物品		數量
(01)	番茄(大的)	1顆
(02)	柳橙	1/4顆
(03)	胡蘿蔔(2cm)	1塊
(04)	檸檬汁	1大匙
(05)	冰塊	4顆

番茄、柳橙、胡蘿蔔是附有豐富類胡蘿蔔素的食品,一起攝取可提升抗氧化能力,不僅可幫助瘦身更可抗老。

料 理 步 驟

01
番茄蒂去除後切半,
再切成適當大小。

02
柳橙取下果肉,把籽剔除,
切成適當大小。

03
胡蘿蔔洗淨後切絲。

04
把所有材料放入果汁機中
打碎。

瘦身秘訣

果汁的蛋白質不足,建議跟蛋白質食品一起食用以達營養均衡。吃半熟蛋對消化吸收雖有幫助,但建議孕婦、嬰幼兒等免疫力較弱的人吃全熟蛋。

料理秘訣

也可用草莓番茄、小番茄、聖女番茄等代替番茄,水分較少的番茄在打果汁時可加點水來幫助打碎。

濃郁菠菜香與柳橙酸甜很搭的果汁

菠菜鳳梨果汁

60 kcal

5 分鐘料理

🛒 **準 備 材 料**

(04)   (01)

(03)   (02)

物品		數量
(01)	菠菜	2把(約25g)
(02)	鳳梨圈(2cm厚)	1又1/3片
(03)	柳橙	1/2顆
(04)	冰塊	5顆

菠菜有豐富維他命A，可預防夜盲症，使皮膚健康，更有許多膳食纖維，有助於預防便秘且熱量也低，是瘦身的最佳食品。

🧤 料 理 步 驟

01

切除菠菜根部以上1cm處後洗乾淨，切成2cm長度。

02

鳳梨圈則切成適當大小。

03

柳橙取下果肉，把籽剔除，切成適當大小。

04

把所有材料放入果汁機中打碎。

👆 瘦身秘訣

為了讓菠菜果汁達到營養平衡而攝取蛋白質時，須避開豆腐，因菠菜的草酸成分遇到豆腐的鈣質後有可能會導致結石產生。

 料理秘訣

1. 可用青江菜或維生素來代替菠菜。
2. 放入希臘優格一起打碎可增加滑順感。

突顯小黃瓜清涼感的果汁

蘋果小黃瓜果汁

60 kcal

5 分鐘料理

🛒 **準 備 材 料**

物品	數量
(01) 蘋果	1/3顆
(02) 小黃瓜	1/4根
(03) 蜂蜜	1小匙
(04) 水	1/3杯
(05) 冰塊	4顆

覺得皮膚乾巴巴嗎？不妨來一杯含有豐富維他命的蘋果小黃瓜果汁，除了能預防便秘，喝酒後隔天飲用還有消除宿醉的作用。

🧤 **料 理 步 驟**

01

蘋果洗乾淨後，連皮切成楔形狀，去除中間的籽和上下蒂頭後，切成適當大小。

02

削除小黃瓜表皮突起物後洗乾淨。

03

帶皮切成0.5cm厚。

04

把所有材料放入果汁機中打碎。

👆 瘦身秘訣

蘋果小黃瓜果汁雖有豐富的膳食纖維、維他命和礦物質，可是蛋白質不足，很容易就會肚子餓，建議跟雞胸肉等蛋白質食品一起食用，達到營養均衡的效果。

🍳 料理秘訣

1.僅切除小黃瓜表皮的突起物後，連皮一起使用。若討厭表皮的口感，也可削除表皮。2.可用楓糖或果糖來代替蜂蜜。3.若不喜歡甜味，也可不加蜂蜜。

用香蕉來完美調合菠菜和蘋果味道的果汁

蘋果菠菜香蕉果汁

73
kcal

5
分鐘料理

🛒 **準 備 材 料**

(01)　　　(03)

(02)

(05)　　　(04)

物品		數量
(01)	蘋果	1/2顆
(02)	菠菜	約20g
(03)	香蕉	1/2根
(04)	冰塊	5顆
(05)	水	1/2杯

不喜歡吃蔬菜的人不妨試著把蔬菜跟蘋果一起打成果汁，菠菜含有的葉酸、鐵質和鈣質是女性必須的營養素，對孕婦也很好。

🧤 **料 理 步 驟**

01

蘋果洗乾淨後，連皮切成楔形狀，去除中間的籽和上下蒂頭後，切成適當大小。

02

剝去香蕉皮後折成適當大小。

03

切除菠菜根部，重複清洗並瀝乾後，切成2cm長。

04

把所有材料放入果汁機中打碎。

 瘦身秘訣

水果和蔬菜打成的果汁其蛋白質是不足的，建議跟蛋白質食品一起食用。

👨‍🍳 料理秘訣

若不喜歡生吃菠菜，可先稍微川燙後瀝乾，再切段使用。

用香蕉來完美調合番茄與紅椒氣味的果汁

番茄紅椒香蕉果汁

78 kcal

5 分鐘料理

🛒 **準備材料**

	物品	數量
(01)	番茄(小的)	1顆
(02)	紅椒	1/4顆
(03)	香蕉	1/2根
(04)	檸檬汁	1大匙
(05)	冰塊	5顆

紅椒雖是蔬菜，但有跟水果一樣的甜味，是適合做果汁的食品，請試著用豐富維他命C的紅椒來迎接清爽的早晨吧！

🧤 **料理步驟**

01

去除番茄蒂後，切成適當大小。

02

將紅椒對半切後去除籽和白色部分，並切成適當大小。

03

剝去香蕉皮後折成適當大小。

04

把所有材料放入果汁機中打碎。

 瘦身秘訣

為了營養均衡，進行雞蛋料理時，可使用蛋白來減少卡路里的攝取。

🍳 料理秘訣

1. 可用黃、橘彩椒來代替紅椒。
2. 將果汁放入冰箱發酵30分鐘，喝起來味道會更協調。

越咀嚼越好吃的雪泥

香蕉草莓雪泥

86 kcal

5 分鐘料理

🛒 **準 備 材 料**

(03)　　　　　(01)

(04)　　　　　(02)

物品	數量
(01) 香蕉	1/2根
(02) 草莓	4顆
(03) 低脂牛奶	1/2杯
(04) 冰塊	3顆

請動手試著在任何人都喜歡的香蕉草莓果汁中加入牛奶後打成雪泥，滑順的口感在補充維他命C的同時也能補充鎂，可防止運動時抽筋，也可在運動後當做補充營養的食品。

🧤 料 理 步 驟

01

剝去香蕉皮後折成適當大小。

02

草莓洗淨後去除蒂頭。

03

把草莓切成適當大小。

04

把所有材料放入果汁機中打碎。

👆 瘦身秘訣

也可用藍莓等莓果類來代替草莓，莓果類的抗氧化成分能減少體內活性氧化物的產生。

👨‍🍳 料理秘訣

1.想喝順暢口感的飲料時，可隨時打來喝。
2.請選擇有光澤、不過熟、蒂葉新鮮的草莓，使用冷凍草莓也無妨。

含有淡淡甜味的果汁

萵苣鳳梨香蕉果汁

87 kcal

5 分鐘料理

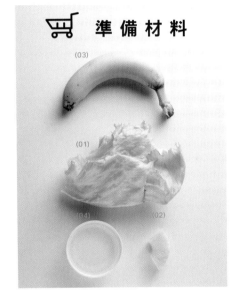

🛒 準 備 材 料

	物品	數量
(01)	萵苣葉片	2片
(02)	鳳梨片	1/4片(約25g)
(03)	香蕉	1根
(04)	水	1/2杯

請試著用當做沙拉的萵苣做為果汁材料，生菜的水分占95%且擁有豐富的維他命C，很適合與甜、酸的水果一起打成果汁。

🧤 料 理 步 驟

01

萵苣洗淨後瀝乾，並切成寬2cm大小。

02

鳳梨片切成適當大小。

03

剝去香蕉皮後折成適當大小。

04

把所有材料放入果汁機中打碎。

 料理秘訣

可用蘿美生菜來代替萵苣。

清脆青椒跟香蕉搭配的果汁

香蕉青椒果汁

88
kcal

5
分鐘料理

🛒 **準 備 材 料**

物品	數量
(01) 香蕉(大的)	1根
(02) 青椒	1/3顆
(03) 檸檬汁	1大匙
(04) 冰塊	5顆

香蕉能提供飽足感，早上食用可開啟有精神的一天，不足的蛋白質可透過跟果汁很搭的炒蛋來補充。

🧤 **料 理 步 驟**

01

剝去香蕉皮後折成適當大小。

02

將青椒的籽和白色部分去除。

03

切成適當大小。

04

把所有材料放入果汁機中打碎。

 料理秘訣

1. 飲用前先發酵30分鐘，風味會更佳。
2. 加入檸檬汁可減緩青椒的獨特香味。

爽口香甜的橘子完美包覆青江菜味道的果汁

青江菜奇異果橘子果汁

89 kcal

5 分鐘料理

🛒 準 備 材 料

物品	數量
(01) 黃金奇異果	2顆
(02) 青江菜	1株
(03) 橘子	1顆
(04) 水	1/2杯

青江菜有增加水分代謝的效果，早上會水腫的人不妨用青江菜果汁來開啟一天。

🧤 料 理 步 驟

01

將黃金奇異果洗乾淨後去皮、去蒂，並切成適當大小。

02

將青江菜洗乾淨後瀝乾，切成2cm寬大小。

03

柳橙去皮後，一瓣一瓣剝好備用。

04

把所有材料放入果汁機中打碎。

 料理秘訣

若沒有橘子，也可以使用1/2顆柳橙。

黃金奇異果的酸甜與香蕉搭配的雪泥

香蕉奇異果雪泥

90 kcal

5 分鐘料理

🛒 **準 備 材 料**

物品	數量
(01) 黃金奇異果	1顆
(02) 香蕉	1/2根
(03) 低脂牛奶	1/4杯
(04) 冰塊	3顆

請嘗試在香蕉雪泥中放入奇異果來提升酸甜度，黃金奇異果的奇異果蛋白酶成分可幫助蛋白植食品的消化吸收。

🧤 料 理 步 驟

01

將黃金奇異果洗乾淨後去皮。

02

將蒂頭切掉後，切成適當大小。

03

剝去香蕉皮後折成適當大小。

04

把所有材料放入果汁機中打碎。

 料理秘訣

用一般奇異果來代替黃金奇異果時，香蕉的分量需增加，味道才會比較順口。

可提升鳳梨酸甜的果汁

香蕉鳳梨黃椒果汁

115
kcal

5
分鐘料理

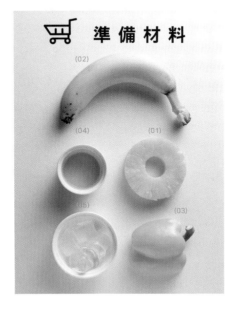

準備材料

物品		數量
(01)	鳳梨片(2cm厚)	1片
(02)	香蕉	1根
(03)	黃椒	1/2顆
(04)	檸檬汁	1大匙
(05)	冰塊	5顆

香蕉的鈣質可幫助身體排出過多的鈉，緩和身體的水腫。不足的蛋白質請透過雞胸肉來補充，鳳梨的鳳梨蛋白酶可幫助蛋白質食物的消化和吸收。

料理步驟

01
將鳳梨片切成適當大小。

02
剝去香蕉皮後折成適當大小。

03
黃椒對半切後，將中間的籽和白色部分去除，切成適當大小。

04
把所有材料放入果汁機中打碎。

瘦身秘訣

鳳梨罐頭的含糖量高，在加工及殺菌過程中會破壞分解蛋白質的酵素，因此建議最好能使用現切鳳梨。

料理秘訣

香蕉表皮出現咖啡色斑點時是最好吃的時候，且營養價值高，但放在室內太久可能會引來果蠅，這時可先去除香蕉果皮後分裝一次使用量來冷藏，需要時再拿出來使用，不僅衛生也能保存營養素。

展現胡蘿蔔甜味的雪泥

番茄胡蘿蔔奇異果雪泥

130
kcal

5
分鐘料理

🛒 **準 備 材 料**

物品	數量
(01) 番茄(小的)	1顆
(02) 胡蘿蔔	1/2根
(03) 黃金奇異果	1顆
(04) 低脂希臘優格	1/4杯
(05) 水	1/2杯
(06) 蜂蜜	1小匙

希臘優格比一般優格的蛋白質含量來的高，當做早餐來攝取蛋白質食品的話，可提升飽足感，有助於瘦身。

🧤 料 理 步 驟

01

去除番茄蒂後，切成適當大小。

02

胡蘿蔔洗乾淨後切絲。

03

將黃金奇異果洗乾淨，去皮、去蒂頭後，切成適當大小。

04

把所有材料放入果汁機中打碎。

 瘦身秘訣

若想增加果汁的甜味，可加入蜂蜜、梅子汁、楓糖、果糖來代替砂糖。

👨‍🍳 料理秘訣

1.將所有食材都先用磨泥器磨過後使用，可增加食材本身的甜味。
2.使用手作的無糖希臘優格效果會更好。

可襯托出豆漿香濃的雪泥

蘋果菠菜豆漿雪泥

130 kcal

5 分鐘料理

🛒 **準 備 材 料**

物品	數量
(01) 蘋果	1/3顆
(02) 菠菜	約20g
(03) 無糖豆漿	1/2杯
(04) 蜂蜜	1小匙
(05) 水	2/3杯
(06) 冰塊	3顆

菠菜裡的水溶性維他命在川燙或烹煮時很容易受損，因此用生菠菜打成果汁或雪泥可減少營養素的損失。

🧤 料 理 步 驟

01

蘋果洗乾淨後連皮切成楔形，切除籽及蘋果蒂。

02

切成適量大小後備用。

03

去除菠菜根部，重複清洗後瀝乾，切成寬2cm大小。

04

把所有材料放入果汁機中打碎。

👆 瘦身秘訣

菠菜和豆漿有豐富的鈣質，是能預防成年女性骨質疏鬆症的好食品。

🍳 料理秘訣

也可根據喜好放入多一點冰塊，增加咀嚼冰塊的口感。

能突顯萵苣水分的果汁

蘋果萵苣香蕉果汁

138
kcal

5
分鐘料理

準 備 材 料

(03)

(01)

(04)   (05)

	物品	數量
(01)	蘋果	1/2顆
(02)	萵苣葉片	2片
(03)	香蕉	1根
(04)	水	1/3杯
(05)	冰塊	3顆

蘋果和香蕉一起打碎飲用可完成一頓有飽足感的早餐。把蘋果洗淨後連皮吃，蘋果皮裡的熊果酸有抑制肥胖的瘦身效果。

料 理 步 驟

01

蘋果洗乾淨後連皮切成楔形，切除籽及蘋果蒂後切成適量大小。

02

剝去香蕉皮後折成適當大小。

03

多次清洗萵苣葉後瀝乾，切成寬1cm大小。

04

把所有材料放入果汁機中打碎。

 料理秘訣

1.把萵苣葉泡在冷水裡5分鐘後瀝乾，可增加葉片的水分。2.可視果汁機裡的濃度增加水量。

可獲得飽足感又無負擔的雪泥

香蕉優格雪泥

151
kcal

3
分鐘料理

🛒 **準 備 材 料**

(04)　　　　　(01)

(03)

物品	數量
(01) 香蕉	1/2根
(02) 低脂希臘優格	1/3杯
(03) 低脂牛奶	1/2杯
(04) 冰塊	3顆

香蕉和蛋白質食品一起搭配的雪泥能給予飽足感，牛奶和優格的卡路里和脂肪含量較高，建議選擇低脂產品，請選擇含糖量較少的。

🧤 **料 理 步 驟**

01	02	03	04

剝除香蕉表皮。	折成適當大小。	把材料都放入果汁機中。	打至完全綿密。

👆 瘦身秘訣

到超市購買牛奶和乳製品(優格、起司等)時，請養成看營養成分表的習慣，不僅要看卡路里，也要看糖分、脂肪量。

🍴 料理秘訣

只有香蕉和優格可能會有澀澀的口感，加入牛奶可稀釋濃度也比較順口。

讓豆腐香醇更上一層樓的雪泥

萵苣香蕉豆腐雪泥

159
kcal

5
分鐘料理

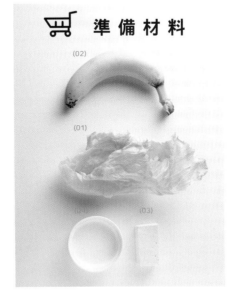

準備材料

物品	數量
(01) 萵苣葉片	1～2片
(02) 香蕉	1根
(03) 豆腐	1/4塊
(04) 低脂牛奶	1/2杯

在果汁或雪泥裡加入豆腐可增加飽足感並攝取到充足的蛋白質，在忙碌的早上來一杯健康的香蕉豆腐雪泥吧！

料理步驟

01

洗淨萵苣葉後瀝乾，切成適當大小。

02

剝除香蕉表皮並折成適當大小。

03

豆腐切成適當大小。

04

把所有材料放入果汁機中打碎。

 料理秘訣

若不喜歡生豆腐，可先稍微川燙過再使用。

讓濃郁酪梨來潤喉的雪泥

番茄酪梨雪泥

164 kcal

5 分鐘料理

🛒 準 備 材 料

物品	數量
(01) 番茄(小的)	1顆
(02) 酪梨	1/4顆
(03) 羅勒葉	2片
(04) 檸檬汁	1小匙
(05) 低脂肪希臘優格	1/4杯

酪梨跟一般水果不同的地方，在於它有豐富的蛋白質和不飽和脂肪酸及各種維他命和礦物質，且膳食纖維也很豐富，是有助於瘦身的食品。

🧤 料 理 步 驟

01

切除番茄蒂後，切成適當大小。

02

將酪梨切半後，去除籽。

03

削除表皮後切成適當大小。

04

把所有材料放入果汁機中打碎。

👨‍🍳 料理秘訣

1.請選用熟透的酪梨，熟透的酪梨表皮呈現黑色，用手指按壓會有軟軟的感覺。2.羅勒淡淡的香味跟酪梨、番茄很搭，若沒有也可以省略。

青花菜的豐富口感和蘋果相互搭配的雪泥

蘋果青花菜核桃雪泥

165 kcal

7 分鐘料理

🛒 **準 備 材 料**

(04)　(01)

(05)

(06)　(03)

物品	數量
(01) 蘋果	1/2顆
(02) 青花菜	1/6顆(約60g)
(03) 核桃	3塊(約10g)
(04) 低脂牛奶	1/3杯
(05) 水	1/3杯
(06) 冰塊	3顆

這是能變漂亮的瘦身食品，請用蘋果和青花菜來製作健康的雪泥，堅果類和低脂牛奶一起搭配可代替一餐，且能提供豐富的營養和飽足感。

🧤 料 理 步 驟

01

用滾水川燙青花菜後，過冷水沖洗並瀝乾，切下根部後整理成小朵，較粗的莖部則切成適當大小。

02

蘋果切半後切成楔形，去除籽後，切成適當大小。

03

核桃請在乾平底鍋上稍微拌炒後拿出來切塊。

04

把所有材料放入果汁機中打碎。

 瘦身秘訣

含有豐富不飽和脂肪酸的核桃長時間放置在室溫下很容易氧化，因此使用後需密封並保存在冰箱內，建議購買少量並在短時間內食用完畢。

🍳 料理秘訣

青花菜在高溫熱水中川燙1分鐘以內，可降低營養素被破壞的機會。

提高飽足感的
均衡瘦身沙拉

瘦身時很常吃沙拉吧！生菜、小番茄、雞胸肉以及加上喜歡的淋醬，對吧？

●吃沙拉時左右瘦身的成敗不在沙拉本身，而是淋醬的選擇，選擇市面上販賣的醬料時，會常選擇無脂肪的，但販賣的無脂肪淋醬會為了提升味道而加入液態果糖或砂糖(精緻白糖)。加在瘦身沙拉內的淋醬，應該要放入健康的脂肪(橄欖油或堅果類等)，不使用果糖或加入砂糖的產品。●如果沒辦法相信市面上淋醬的話，不妨試試本篇所介紹的「在家可輕鬆製作的健康淋醬」，蔬菜和水果組成的沙拉卡路里和飽足感較低，很常被當作開胃菜，因此本篇的菜單是可提高飽足感的食品，包含吃沙拉時常會疏忽掉補充蛋白質。

瘦身料理法POINT！

* 可使用簡單的蔬菜。
* 不吃或僅吃少量含有許多脂肪和糖這類卡路里較高的淋醬。
* 菜單裡有許多適合低脂肪蛋白質的食品和蔬菜，能提供飽足感和美味。

重點在豆腐柔軟的口感

豆腐菊苣沙拉

185
kcal

5
分鐘料理

🛒 準 備 材 料

		物品	數量	特殊事項
主材料	(01)	豆腐	1/2塊	煎煮豆腐。
	(02)	菊苣	3～4片	
	(03)	海苔	1/2片	傳統海苔等沒有調味的海苔。
淋醬醬料	(04)	醬油	1/3大匙	
	(05)	芝麻	1/2小匙	
	(06)	麻油、醋、蜂蜜	各1/2小匙	
	(07)	鹽、胡椒粉	各少許	

菊苣有調節糖分吸收，阻止膽固醇吸收及降低體內膽固醇濃度的食品。

料理步驟 (● 準備 ● 料理)

01 將菊苣泡過水後撈出來。

02 撕成適合食用的大小。

03 將豆腐切成1cm大小的方塊。

04 在滾水裡川燙。

05 撈到冷水裡浸泡，再瀝乾。

06 用廚房紙巾將豆腐上的水氣吸收掉後
放入冰箱冷藏。

吃醬料時用沾的會比淋上去來的助於瘦身。

豆腐請使用可煎的豆腐類型，滾水燙過後瀝乾放入冰箱冷藏，但時間不夠想加快烹飪速度時也可用廚房紙巾多次吸除水分。

07 把海苔放上平底鍋兩面烤一下。

10 在碗內鋪上菊苣和豆腐。

08 放入塑膠袋中捏碎。

11 倒入一些醬油淋醬後輕輕攪拌。

09 將醬油淋醬的材料仔細混合。

12 最後灑上海苔碎片。

豆腐菊苣沙拉

匯集多種口感的混合沙拉

小馬鈴薯鵪鶉蛋沙拉

227
kcal

15
分鐘料理

🛒 準 備 材 料

		物品	數量	特殊事項
主材料	(01)	小馬鈴薯	3顆(約100g)	若無則可使用一顆較小的馬鈴薯。
	(02)	四季豆	30g	可用蘆筍代替。
	(03)	熟的鵪鶉蛋	5顆	
	(04)	黑橄欖	2顆(約10g)	能更增添風味。
	(05)	熟番茄(大的)	1/2顆(約100g)	
	(06)	萵苣葉	1片	
	(07)	鹽巴	少許	使用竹鹽或烤鹽。
	(08)	橄欖油	少許	
淋醬醬料	(09)	紅酒醋	1小匙	
	(10)	義大利荷蘭芹	1小匙	碎末。
	(08)	橄欖油	1小匙	特級初榨。
	(11)	胡椒粉	少許	

番茄是可當作水果或蔬菜的健康食品代表，可預防癌症和提高對病毒與壓力的抵抗力，且有助於瘦身。

料 理 步 驟 （● 準備 ● 料理）

01 小馬鈴薯洗乾淨後連皮切半。

02 四季豆也切半。

03 把黑橄欖泡水去除鹽分後，切成4等份。

04 番茄切成楔形狀。

05 萵苣葉洗乾淨後撕成適合吃的大小。

06 把醬料材料充分混合做成醬料。

在滾水裡加入少許鹽。

把食材倒入碗中，淋上橄欖油和鹽巴後
輕輕攪拌。

放入小馬鈴薯，10分鐘後再放入四季豆，
約30～40秒取出。

加入熟鵪鶉蛋、番茄、萵苣後再次輕拌。

放入冷水後瀝乾。

食用之前再灑上⑥的醬料即可。

小馬鈴薯鵪鶉蛋沙拉

有咀嚼樂趣的風味沙拉
綜合豆類沙拉

263
kcal

5
分鐘料理

🛒 準 備 材 料

		物品	數量	特殊事項
主材料	(01)	綜合豆類	1/2杯 (約130g)	可用乾燥豆泡水後使用。
	(02)	萵苣葉	1片(約30g)	
	(03)	橄欖油	1小匙	
石榴淋醬醬料	(04)	石榴汁	2大匙	
	(05)	紅酒醋	1小匙	
	(06)	檸檬汁	1/2小匙	
	(07)	蒜末	1/2小匙	
	(08)	橄欖油	1/2小匙	
	(09)	鹽巴	少許	

豆類是最具代表的瘦身
食品，蛋白質含量高並
可提供飽足感。

料 理 步 驟 （● 準備 ● 料理）

01 把綜合豆類放在冷水裡清洗。

02 帶皮一起放入蒸鍋裡。

03 蒸煮15～20分鐘。

04 將豆子倒入碗裡，加入少許鹽巴。

05 輕輕攪拌。

06 混合醬料物品後製作成石榴醬料。

Part 2. 提高飽足感的均衡瘦身沙拉

瘦身秘訣

很多果汁產品都會添加糖，因此做醬料時最好使用自己現榨的果汁。

07

將萵苣葉浸泡在冷水裡。

10

把步驟⑤的豆子及步驟⑨的萵苣
倒入碗裡。

08

把水瀝乾。

11

將⑥的石榴醬料先倒入一半後輕輕攪拌。

09

撕成適當大小。

12

把沙拉裝入盤中，再把剩下的醬料淋上。

綜合豆類沙拉

可一次吃到酸酸、甜甜、鹹鹹又好吃的沙拉

蛋番茄沙拉

295
kcal

5
分鐘料理

🛒 **準備材料**

		物品	數量	特殊事項
主材料	(01)	全熟雞蛋	2顆	
	(02)	聖女番茄	10顆	可用草莓番茄代替。
	(03)	黑橄欖	4顆	可泡水去除鹽分。
	(04)	烤核桃	5~6顆	增加口感。
	(05)	新鮮嫩芽蔬菜	30g	可用沙拉蔬菜代替。
淋醬醬料	(06)	法式黃芥末醬	1/2大匙	
	(07)	醋	1又1/2大匙	
	(08)	洋蔥碎末、蜂蜜	各2小匙	
	(09)	鹽巴	少許	
	(10)	橄欖油	1小匙	

沙拉會隨著醬料的味道而呈現不同風味，不妨做一個可吃到酸甜、帶鹹、香氣迷人的獨特沙拉。

料理步驟 (● 準備 ● 料理)

01 把新鮮嫩芽蔬菜泡在冷水中。

02 充分瀝乾水分。

03 將黑橄欖泡在水中去除鹽分。

04 切成4等份。

05 聖女番茄也從頂部切半。

06 全熟雞蛋切成4等份。

用全熟雞蛋進行攪拌雖然外型會散掉，但蛋黃的濃醇風味可讓沙拉的味道更濃郁，若是在意外觀，也可最後再把切好的蛋裝盤。

- 嫩芽(幼苗)蔬菜：發芽後4～5天的蔬菜。
- 嫩葉：發芽後15天左右從原本蔬菜裡長出來的新葉。

07 將所有的醬料材料倒入碗裡混合。

10 倒入一半醬料後攪拌並裝盤。

08 均勻攪拌。

11 用手將核桃剝碎。

09 在碗裡裝上嫩芽蔬菜和番茄、熟雞蛋、黑橄欖後倒入橄欖油攪拌。

12 最後再淋上剩下一半的醬料。

蛋番茄沙拉

用清爽沙拉展開一天的
柳橙白菜核桃沙拉

302
kcal

7
分鐘料理

🛒 準 備 材 料

核桃是有豐富不飽和脂肪酸的食品，想提高飽足感和營養的話，建議加在各種沙拉內增添風味。

		物品	數量	特殊事項
主材料	(01)	白菜葉	3片(約10g)	可用萵苣或蘿美生菜代替。
	(02)	柳橙	1顆	可用葡萄柚代替。
	(03)	核桃	6顆(約15g)	
淋醬醬料	(04)	橄欖油	2小匙	特級初榨。
	(05)	蜂蜜	1小匙	
	(06)	鹽巴、胡椒粉	各少許	

料理步驟 (● 準備 ● 料理)

01 將白菜葉洗淨後瀝乾切半。

02 再切成適合的食用大小。

03 柳橙去皮。

04 果肉切片。

05 將醬料材料全都倒入碗中。

06 仔細攪拌直到鹽巴融化。

Part 2. 提高飽足感的均衡瘦身沙拉

為了攝取蛋白質，請搭配全熟雞蛋一起食用。

請用刀子深入柳橙果肉間，小心地把果肉切片。

07

把核桃放在乾平底鍋上拌炒。

10

倒入⑥的醬料。

08

切成大塊碎末。

11

輕輕拌勻。

09

碗內放入白菜葉及柳橙果肉。

12

擺盤後再灑上核桃碎末。

柳橙白菜核桃沙拉

擁有隱隱甜味和濃郁堅果香味的沙拉

地瓜甜南瓜堅果類沙拉

323
kcal

20
分鐘料理

🛒 準 備 材 料

		物品	數量	特殊事項
主材料	(01)	地瓜	1顆(120g)	
	(02)	甜南瓜	1/4顆	
	(03)	整顆杏仁	1小匙	烤過的。
	(04)	杏仁切片	1小匙	烤過的。
	(05)	榛果	1小匙	烤過的。
淋醬醬料	(06)	Ricotta起司	1大匙	
	(07)	檸檬汁	2小匙	
	(08)	低脂希臘優格	2小匙	
	(09)	鹽巴、胡椒粉	各少許	

地瓜和甜南瓜是低卡路里食品且有豐富的膳食纖維，對瘦身及皮膚美容很有幫助，雖可用蒸或烤的方式食用，但加上增添風味的淋醬也是不錯的選擇，能讓甜味更有層次感。

01

地瓜洗淨後連皮切成適合吃的大小。

04

將地瓜塊和南瓜塊放入蒸籠裡。

02

挖出甜南瓜的籽。

05

慢慢蒸煮。

03

帶皮切成適合吃的大小。

06

把醬料材料全倒入碗中。

07

均勻攪拌。

10

輕輕攪拌。

08

放入蒸熱的地瓜和甜南瓜。

11

最後均勻灑入杏仁切片、榛果及整顆杏仁。

09

倒入⑦的醬料。

地瓜甜南瓜堅果類沙拉

用口感相似的山藥、酪梨、鮪魚製成的風味沙拉

鮪魚酪梨沙拉

363
kcal

5
分鐘料理

準備材料

		物品	數量	特殊事項
主材料	(01)	鮪魚、山藥	各80g	使用冷凍生鮪魚。
	(02)	酪梨	1/3顆	熟透的。
	(03)	小番茄	3顆	沒有時可省略。
	(04)	香菇	1朵	沒有時可省略。
	(05)	韓式醬油	1/2小匙	
	(06)	檸檬汁、胡椒粉	各少許	
	(07)	洋蔥絲	1/4顆(約50g)	
	(08)	糙米醋	4小匙	
	(09)	蒜末	1/4小匙	
	(10)	蜂蜜	1小匙	
	(11)	鹽巴	1/3小匙	
	(12)	葡萄籽油	2大匙	

酪梨有各種維他命和礦物質，還有其他水果所沒有的蛋白質和不飽和脂肪酸，且膳食纖維豐富，對瘦身有幫助。

料 理 步 驟　(● 準備　● 料理)

01 生鮪魚切成1.5cm塊狀。

02 山藥去皮後也切成跟鮪魚一樣大小。

03 酪梨也與鮪魚切成一樣大小。

04 加入檸檬汁防止表面變褐色。

05 小番茄洗淨後對切。

06 香菇也切成跟鮪魚一樣大小。

Part 2. 提高飽足感的均衡瘦身沙拉

07

香菇放在乾平底鍋上烤。

10

碗裡放入鮪魚、山藥、酪梨、香菇、小番茄後
輕輕混合。

08

洋蔥絲浸泡30分鐘的水去除辛辣後，瀝乾。

11

倒入洋蔥醬料。

09

果汁機裡放入⑧的洋蔥絲、糙米醋、蒜末、蜂蜜
和鹽巴打碎後，放入1大匙葡萄籽油，
再繼續打碎至做成洋蔥醬料。

12

最後灑上韓式醬油和胡椒粉。

鮪魚酪梨沙拉

烤出山藥獨特香氣的風味沙拉

嫩豆腐烤山藥沙拉

415 kcal

10 分鐘料理

山藥可幫助新陳代謝及
消除疲勞的食品，請跟
附有蛋白質的嫩豆腐一
起食用。

🛒 **準 備 材 料**

		物品	數量	特殊事項
主材料	(01)	山藥	1/2根(約200g)	連皮清洗。
	(02)	新鮮嫩芽蔬菜	1～2把	可用沙拉蔬菜代替。
	(03)	洋蔥	1/3顆	
	(04)	葡萄籽油	少許	
淋醬醬料	(05)	青梅汁	1大匙	增加香味。
	(06)	醬油、橄欖油	各1小匙	
	(07)	檸檬汁	1/2小匙	可減少山藥的腥味。

料理步驟 (● 準備 ● 料理)

洋蔥切成細絲。

泡入冷水中去除辛辣。

新鮮嫩芽蔬菜泡入冷水中。

將新鮮嫩芽蔬菜和洋蔥都瀝乾後均勻混合。

山藥表皮的土清洗乾淨後，切成0.5cm厚。

將醬料材料混合後製作青梅汁淋醬。

Part 2. 提高飽足感的均衡瘦身沙拉

瘦身秘訣

若沒有嫩豆腐可攝取蛋白質時，亦可放入全熟雞蛋或雞胸肉。

料理秘訣

若沒有烤架，可使用烤箱或煎鍋來烤。

07 用刷子沾葡萄籽油將烤架均勻塗上。

10 烤到黃金色後翻面，需注意不要烤焦。

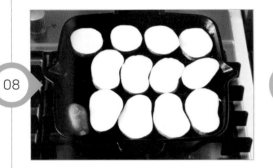

08 放上山藥。

11 把烤過的山藥、新鮮嫩芽蔬菜和洋蔥裝盤。

09 灑上些許鹽巴。

12 最後淋上青梅汁淋醬。

嫩豆腐烤山藥沙拉

調和烤茄子甜味和松子香醇味道的沙拉

烤茄子松子沙拉

481
kcal

10
分鐘料理

🛒 準 備 材 料

		物品	數量	特殊事項
主材料	(01)	茄子	1根(約100g)	選一字型的茄子比較好切。
	(02)	松子	1/5杯	也可用其他堅果類代替。
	(03)	萵苣葉	1片(40g)	
	(04)	鹽巴	適量	
	(05)	橄欖油	1大匙	特級初榨。
	(06)	義大利香醋	2小匙	讓沙拉更提味。

營養豐富的松子含有大量的不飽和脂肪酸，可增加皮膚光澤，且有豐富的鐵質，是女性們應該要攝取的食材。

Part 2. 提高飽足感的均衡瘦身沙拉

01 將橄欖油、義大利香醋和鹽巴混合。

02 將松子放入乾平底鍋中烤，
用小火輕輕翻炒到褐色。

03 茄子直切成片(0.3cm)。

04 萵苣葉泡入冷水中。

05 瀝乾、去除水分。

06 切成絲。

1. 請跟低脂牛奶或豆漿等蛋白質食品一起食用。
2. 松子是熱量高的食品,請注意不要攝取過量。
3. 若無松子也可用核桃等其他堅果類代替。

07

把橄欖油倒入烤架後,用刷子或廚房紙巾
把油塗勻。

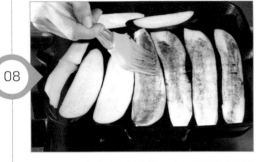

08

將烤架充分加熱後,放上茄子片,用刷子沾①的
醬料,輕輕抹在茄子上。

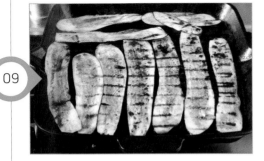

09

將兩面烤到金黃。

10

用夾子把茄子夾到盤子上。

11

鋪上萵苣絲。

12

灑上炒過的松子。
吃的時候請用茄子包萵苣絲和松子來享用。

烤茄子松子沙拉

變得漂亮又健康！
三明治&手拿食物便當

想要瘦身就不能吃麵包嗎？很多人聽到瘦身就覺得碳水化合物是頭號敵人，如果想「戒掉」麵包的人，一定要看這個單元，本單元介紹了如何輕鬆地做出健康的三明治。●就如放棄白米選擇糙米就可吃的健康一樣，麵包也只要放棄精製麵粉，選擇黑麥(全麥)所做的麵包就跟吃糙米飯大同小異。最近有許多不用糖，改用酵母或可提出甜味的天然食材(香蕉等)製作的麵包，健康的麵包不是充滿奶油和果醬，而是由營養均衡的低脂蛋白質食品做成的低脂、低卡路里的三明治，這麼一來營養均衡和美味都兼具。●瘦身時在外吃飯時會有壓力，因此有時會想自製便當，瘦身便當怎麼看都是只有煮熟的雞胸肉、小番茄、蔬菜、糙米…等，若厭倦了這種便當，不妨嘗試看起來漂亮、好吃又容易製作的手拿食物(finger food)，試試心情UP！美味和健康也UP的外食便當吧！

瘦身料理法POINT！

* 善用多種季節蔬菜和方便購買的食材。

* 為了降低鹽分和糖量，需減少醬料的分量，避免攝取過多卡路里。

* 三明治的根本重點是使用何種麵包來製作，所以購買麵包時需注意營養成分、原料、卡路里、糖和鈉的含量。

入口後彩椒和蘋果香在口中滿溢，讓人心情愉悅的三明治

蟹肉萵苣三明治

226
kcal

10
分鐘料理

準備材料

		物品	數量	特殊事項
主材料	(01)	雜糧吐司	2片	
	(02)	萵苣葉	1片	浸泡過水後瀝乾使用。
	(03)	法式黃芥末醬	1小匙	
蟹肉沙拉	(04)	螃蟹肉	7個(30g)	
	(05)	紅、黃彩椒	各1/4顆	
	(06)	蘋果	1/8顆	為了防止切片後表皮變色，需浸泡在冷水裡。
	(07)	柳橙濃縮液	1/2大匙	
	(08)	檸檬汁	1/2小匙	
	(09)	橄欖油	1小匙	
	(10)	果糖	1/4小匙	
	(11)	生薑汁、鹽巴、胡椒粉	各少許	

蟹肉沙拉會稍為出水，可先把麵包烤到酥脆再製作三明治，讓蟹肉沙拉的水分消失，或是另外裝沙拉，在吃之前才在麵包上鋪沙拉也是不錯的方法。

料理步驟 (● 準備 ● 料理)

01 蟹肉放入滾水裡川燙。

04 彩椒對半切後，去除中間白色部分，
再切成5cm長度的絲。

02 再用冷水沖洗過後瀝乾或用廚房紙巾吸乾水分。

05 蘋果洗乾淨後連皮切成絲。

03 對半撕開。

06 碗裡裝入蟹肉、彩椒絲、蘋果絲後，
稍微攪拌，再倒入其餘的沙拉材料。

瘦身秘訣

若把蟹肉改成蟹肉棒的話，蛋白質會不足，建議可加入雞蛋絲一起食用。

07 把步驟⑥仔細攪拌。

10 放上一片萵苣葉。

08 拿兩片不抹油的雜糧麵包，在烤架上兩面烤到金黃。

11 上面加上蟹肉沙拉。

09 兩片麵包各一面塗上1/2匙的法式黃芥末醬。

12 再把另一片麵包蓋上。

蟹肉萵苣三明治

馬蹄葉的口感和提味味噌相呼應的包飯

薏仁味噌馬蹄葉包飯

283 kcal

15 分鐘料理

🛒 準 備 材 料

		物品	數量	特殊事項
主材料	(01)	薏仁飯	1/2碗	
	(02)	馬蹄葉	10片	
調味大醬	(03)	鯷魚湯汁	1/3杯	
	(04)	豬肉	1大匙	碎末。
	(05)	甜南瓜	1/4顆(80g)	
	(06)	洋蔥(小的)	1/3顆	
	(07)	青陽辣椒	1/3根	提供甜辣口感。
	(08)	馬鈴薯(中型大小)	1/6顆(約20g)	用來調整調味大醬的濃度，控制鹹味。
	(09)	味噌	1大匙	
	(10)	蒜末	1/3小匙	

熊在深山裡所吃的馬蹄葉，擁有豐富的維他命A、C、鈣質、β胡蘿蔔素等營養素，是排除春天疲勞的好蔬菜。

料理步驟 (● 準備 ● 料理)

01 青陽辣椒切細，洋蔥切成碎末。

02 甜南瓜切細。

03 馬鈴薯去皮後用磨泥器磨成泥。

04 將碎豬肉、味噌放入鍋裡。

05 用小火慢慢融化攪拌。

06 在⑤中倒入鯷魚湯汁。

1.可用其他葉子(馬蹄菜、甘藍、高麗菜、洗過的泡菜等)來代替馬蹄葉。2.若想增加蛋白質攝取量,可放入充足的豬肉或是製作調味大醬時放入豆腐。

馬蹄葉需稍微在熱水中燙過,或用蒸籠蒸過。

07 照①②③的順序加入材料後攪拌。

10 鋪上馬蹄葉後上面放上一匙飯。

08 用中火煮3～4分鐘後倒入碗裡。

11 再鋪上一小匙⑧的調味大醬。

09 鍋內倒入1杯水和馬蹄葉,用小火稍微川燙,浸泡冷水過後瀝乾。

12 葉片包起來後,把莖剪掉。

薏仁味噌馬蹄葉包飯

用許多材料所製成的包飯

雞胸肉糙米包飯

290 kcal

15 分鐘料理

🛒 **準備材料**

		物品	數量	特殊事項
主材料	(01)	糙米飯	1/2碗	
	(02)	芝麻葉	3片	
	(03)	生菜	3片	
	(04)	高麗菜葉	1片	
	(05)	包飯海帶	1條(30g)	沒有的話可省略。
醬料	(06)	麻油、胡椒鹽	各1/2小匙	
	(07)	鹽巴	少許	
雞胸肉包醬	(08)	雞胸肉	20g	碎末。
	(09)	辣椒醬、大醬、水、清酒	各1小匙	
	(10)	蒜末、果糖	各1/2小匙	
	(11)	胡椒粉	少許	

各位可試著在包飯裡加入包醬、辣椒醬等傳統醬料和豆腐、雞胸肉等蛋白質食品。補充蛋白質有減少鈉攝取的效果。

料理步驟 (● 準備 ● 料理)

01 高麗菜較厚的梗切掉。

02 包飯海帶和高麗菜一起放入蒸籠。

03 等包飯海帶變色後從蒸籠裡拿出來，
切成與芝麻葉一樣的大小。

04 把蒸過的高麗菜切成芝麻葉一樣大小。

05 芝麻葉和生菜在水裡清洗過後瀝乾，步驟③、④
也用相同的方式準備。

06 把除了碎雞胸肉以外的包醬材料混在一起。

瘦身秘訣

為了增加蛋白質的補充量,可增加雞胸肉的分量來製作包醬。

 料理秘訣

若沒有蒸籠,可把包飯海帶在水裡煮10分鐘,高麗菜煮8分鐘後,放入冷水裡沖洗。

07

平底鍋上加點水後,仔細翻炒碎雞肉。

08

把⑥混合好的包飯醬料倒入鍋中跟雞肉混合。

09

均勻拌炒。

10

將醬料跟糙米飯仔細混合。

11

把⑤的包飯材料(高麗菜葉、包飯海帶、芝麻葉、生菜)各自放上半匙糙米飯。

12

放上⑨的雞胸肉包醬。

雞胸肉糙米包飯

烤蔬菜甜味跟黑麥麵包很搭的三明治

烤雞三明治

295
kcal

10
分鐘料理

🛒 準 備 材 料

		物品	數量	特殊事項
主材料	(01)	黑麥吐司	2片	
	(02)	雞胸肉(里肌)	2塊(60g)	
	(03)	萵苣葉	1片	可用蘿美生菜代替。
	(04)	洋蔥、青椒、茄子、甜南瓜	各1/6顆	
	(05)	杏鮑菇	1/2個	可用香菇代替。
	(06)	鹽巴、胡椒粉、橄欖油	各少許	
燒烤醬料	(07)	橄欖油	1大匙	
	(08)	義大利香醋	1小匙	

黑麥是麥類的一種，有許多膳食纖維，可增加飽足感且熱量較低。雞胸肉的里肌部位脂肪量較低、軟嫩，是可製成幼兒斷乳食品的低脂肪高蛋白食材。

料理步驟 （○ 準備 ● 料理）

01　用刀背敲打雞胸肉較厚的部分。

02　將洋蔥和青椒切成長條狀。

03　茄子、甜南瓜、杏鮑菇則切成與黑麥麵包一樣長
的片狀。

04　用攪拌器把燒烤醬料均勻攪拌。

05　用調理用刷子沾橄欖油，均勻地刷上烤架後
加熱。

06　等到烤架熱了之後，放上雞肉和蔬菜。

可用家裡現有的蔬菜來進行各種變化。

把吐司烤過後放冷使用，才不會讓蔬菜的清脆感消失。

07

稍微灑上鹽巴和胡椒粉。

10

將蔬菜放在其中一片吐司上。

08

用刷子沾燒烤醬料，均勻地塗抹在雞肉和蔬菜上，正反面翻烤。

11

依序放上烤過的蔬菜和雞肉。

09

把黑麥吐司放在未抹油的烤架上，
兩面煎到焦黃後放涼。

12

最後蓋上另一片吐司。

烤雞三明治

用帶鹹滷豬肉來挑起味覺的壽司

滷豬肉壽司

316 kcal

7 分鐘料理

🛒 準 備 材 料

		物品	數量	特殊事項
主材料	(01)	薏仁飯	1/2碗	
	(02)	滷豬肉	30g	
	(03)	芝麻葉、海苔	各2片	
	(04)	醃黃蘿蔔	1條	
	(05)	蟹肉棒	1條	可用雞蛋絲代替。
	(06)	胡蘿蔔	1/6條(20g)	
	(07)	黃瓜	1/4條	需切除突起物。
飯醬料	(08)	麻油	1/2小匙	
	(09)	芝麻鹽	少許	

若想增加蛋白質攝取量，可用雞蛋絲代替蟹肉棒。

料 理 步 驟 （● 準備 ● 料理）

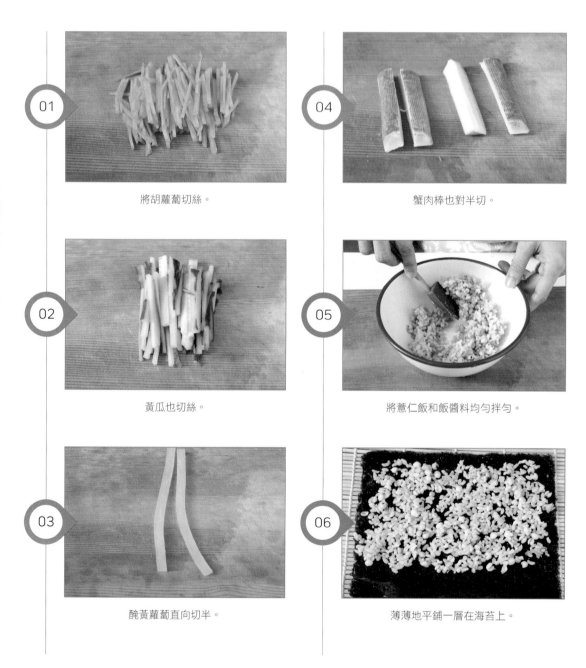

01 將胡蘿蔔切絲。

02 黃瓜也切絲。

03 醃黃蘿蔔直向切半。

04 蟹肉棒也對半切。

05 將薏仁飯和飯醬料均勻拌勻。

06 薄薄地平鋪一層在海苔上。

若怕切壽司時不小心捏碎，可先用保鮮膜緊緊包覆20～30分鐘後再解開切，比較容易定型。

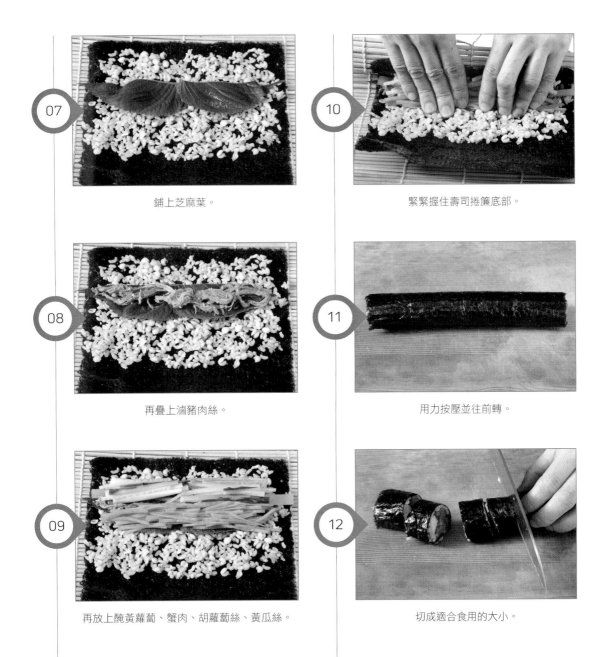

滷豬肉壽司

07 鋪上芝麻葉。

08 再疊上滷豬肉絲。

09 再放上醃黃蘿蔔、蟹肉、胡蘿蔔絲、黃瓜絲。

10 緊緊握住壽司捲簾底部。

11 用力按壓並往前轉。

12 切成適合食用的大小。

和香菇香味很搭的義大利香醋三明治

牛肉烤香菇三明治

328
kcal

15
分鐘料理

🛒 準 備 材 料

		物品	數量	特殊事項
主材料	(01)	黑麥吐司	2片	
	(02)	牛肉(里肌)	100g	
	(03)	香菇、杏鮑菇	各1朵	
	(04)	青椒、紅、黃彩椒	各1/6顆(20g)	
	(05)	橄欖油	1小匙	
	(06)	羅勒葉	3片	若無，可用萵苣葉代替。
	(07)	法式黃芥末醬	1小匙	
淋醬醬料	(08)	義大利香醋、碎洋蔥	各1小匙	
	(09)	橄欖油	2小匙	
	(10)	蒜末、蜂蜜	各1/2匙	
	(11)	鹽巴	少許	

香菇是有維他命和礦物質的低卡路里食品，不妨試著用瘦身必吃的香菇來做各種不同的料理。

![手套圖示] **料 理 步 驟** （ ● 準備 ● 料理）

將青椒及彩椒直向切成1～1.5cm寬。

清洗過2種香菇表面後，也切成厚片。

碗裡放入2種香菇後，加入橄欖油和鹽巴，
均勻攪拌後，放置備用。

將淋醬醬料全倒入碗後仔細拌勻。

牛肉切成薄片後備用。

把兩片麵包放在未抹油的烤架上，
兩面烤到金黃。

07

在烤架上倒入橄欖油後，用刷子或廚房紙巾均勻
地塗開。

08

充分加熱後轉成中火，放上④的香菇、
青椒、彩椒和肉片。

09

在肉片上灑上少許鹽巴、胡椒粉，
讓肉類更加美味。

10

兩片麵包各一面塗上1/2匙的法式黃芥末醬。

11

把羅勒葉放在其中一片麵包。

12

再疊上烤過的香菇、牛肉、青椒、彩椒，
最後蓋上另一片麵包。

牛肉烤香菇三明治

用燙過的培根來做低脂、低鹽的三明治

低脂肪BLT三明治

340
kcal

10
分鐘料理

🛒 準 備 材 料

		物品	數量	特殊事項
主材料	(01)	黑麥吐司	2片	
	(02)	培根	2條	使用低鹽培根。
	(03)	萵苣葉	2片	
	(04)	番茄(小的)	1顆	也可用聖女番茄。
	(05)	法式黃芥末醬	1小匙	

將培根在滾水裡川燙，不僅可降低脂肪，也可去除多餘的雜質。

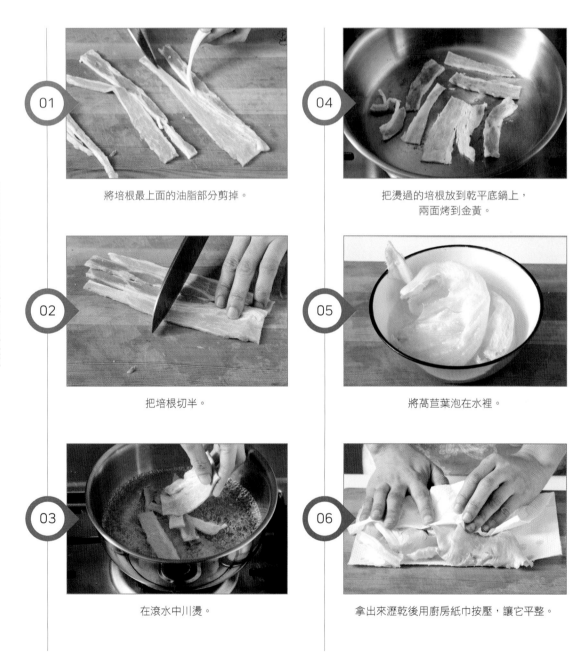

01　將培根最上面的油脂部分剪掉。

02　把培根切半。

03　在滾水中川燙。

04　把燙過的培根放到乾平底鍋上，
兩面烤到金黃。

05　將萵苣葉泡在水裡。

06　拿出來瀝乾後用廚房紙巾按壓，讓它平整。

1.烤過的麵包請冷卻後使用。2.挖除番茄籽後使用可減少水氣。3.把萵苣葉的所有水分瀝乾後才不會軟爛，並可保持蔬菜的清脆口感及培根的味道。

07

番茄切成0.7cm厚的片狀。

10

麵包依序放上萵苣葉、培根。

08

將黑麥麵包放在沒有油的烤架上，兩面烤到焦黃後拿出來冷卻。

11

再放上番茄。

09

兩片黑麥麵包各一面塗上1/2匙的法式黃芥末醬。

12

蓋上另一片麵包，完成。

低脂肪BLT三明治

越嚼越有**Q**彈口感的蝦仁漢堡

蝦仁漢堡

375
kcal

15
分鐘料理

🛒 準 備 材 料

		物品	數量	特殊事項
主材料	(01)	餐包	2個	
	(02)	萵苣葉	2片	
	(03)	菊苣	3～4片(10g)	
	(04)	番茄	1/4顆	
蝦子漢堡排	(05)	雞尾酒蝦	120g	請解凍後使用。
	(06)	雞蛋	1/2顆	
	(07)	碎洋蔥、碎胡蘿蔔	各2小匙	
	(08)	碎黃色彩椒	2小匙	
	(09)	鹽巴、胡椒粉	各少許	
	(10)	麵粉	3大匙	
	(11)	麵包粉	適當量	
醬料	(12)	檸檬汁	1/2小匙	
	(13)	碎酸黃瓜、碎洋蔥	各1/2小匙	可去除蝦子腥味。
	(14)	胡椒粉	少許	

漢堡是每個人都喜歡的人氣食品，但外面買的漢堡多少會令人擔心，不如在家自己動手做，放入多種蔬菜後就是最好吃的料理。

料 理 步 驟 （● 準備 ● 料理）

01

均勻攪拌醬料材料。

04

將雞尾酒蝦洗乾淨後去除尾巴，切成塊狀。

02

將萵苣葉和菊苣泡冷水後，拿出來瀝乾，再用廚房紙巾包覆後去除水分，壓平整。

05

把切碎的蝦子和剩下的蝦子漢堡排材料充分混合，攪拌至有黏性。

03

番茄切片後備用。

06

捏成2個蝦子漢堡排。

07

依序將蝦子漢堡排沾上蛋液、麵包粉。

10

餐包上依序鋪上萵苣、蝦子漢堡排。

08

倒些葡萄籽油到平底鍋裡，以中火煎蝦子漢堡排，每面各煎3～4分鐘後蓋上蓋子，兩面煎到金黃。

11

再疊上番茄、菊苣，並淋上①的醬料。

09

餐包切半後放在未抹油的烤架上，兩面烤到金黃。

12

蓋上上層餐包，以相同的方式做出第2個漢堡。

蝦仁漢堡

香甜高麗菜和微辣雞肉的菜捲

雞肉高麗菜捲

376
kcal

10
分鐘料理

🛒 準 備 材 料

		物品	數量	特殊事項
主材料	(01)	糙米飯	1/2碗	
	(02)	雞肉(里肌)	3塊(60g)	
	(03)	碎泡菜	1條(50g)	把泡菜瀝乾。
	(04)	高麗菜葉	4片	去除厚的莖。
	(05)	昆布	1片	若沒有也可以不用。
	(06)	芝麻鹽	1/2小匙	可用亞麻籽代替。
	(07)	麻油	少許	
調味	(08)	清酒	1大匙	
	(09)	蒜末	1/2小匙	
	(10)	葡萄籽油、胡椒粉	各少許	
醬料	(11)	胡椒粉	2小匙	
	(12)	辣椒醬、果糖	各1小匙	
	(13)	醬油	1/2小匙	

高麗菜有維他命U，有
預防體內堆積脂肪的效
果，且有豐富的膳食纖
維，是低卡路里的健康
食材。

料 理 步 驟 （ ● 準備 ◗ 料理）

切除高麗菜較厚的部分後，
放入蒸籠蒸7～10分鐘。

昆布浸泡在冷水裡去除鹹味，並切成0.7cm寬。

將雞肉切成1cm塊狀。

用調味料醃漬。

把醬料材料均勻混合。

把糙米飯加入碎泡菜、芝麻鹽、麻油後，
均勻攪拌。

07

熱鍋內倒些水，放入雞肉翻炒，當雞肉表皮變白時，再加上1～2大匙的水，炒至熟透。

08

倒入⑤的醬料翻炒後關火。

09

鋪上2片高麗菜葉在壽司捲上，再鋪上薄薄一層⑥的糙米飯後，中間放上雞肉塊。

10

仔細按壓並捲好。

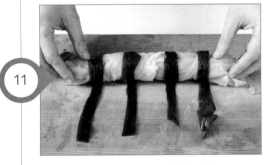

11

在固定的間隔滾上長條的昆布。

12

小心切開後，完成。

雞肉高麗菜捲

脆感新鮮的彩椒和牛肉搭配而成的手拿食物

牛肉雜糧飯蔬菜捲

386 kcal

10 分鐘料理

🛒 準備材料

		物品	數量	特殊事項
主材料	(01)	雜糧飯	2/3碗	
	(02)	牛肉	70g	烤肉用肉。
	(03)	彩椒	1/4顆	去除白色部分和籽。
	(04)	金針菇	1/4把	
	(05)	蔥絲	10g	亦可斜切片狀使用。
	(06)	葡萄籽油	少許	
牛肉調味醬料	(07)	醬油、清酒、蒜末	各1小匙	
	(08)	鹽巴、胡椒粉	各少許	

蔥和牛肉一起吃可降低膽固醇指數，並增添肉類豐富的咀嚼感和美味。

用廚房紙巾將牛肉包覆後吸除血水。

彩椒切絲。

將牛肉調味醬料倒在碗中混合。

切除金針菇底部。

放入①的牛肉輕輕攪拌後,放置20～30分鐘。

一根一根撕開。

1.先將蔥切半後去除中間的心，並疊在一起切絲。2.用保鮮膜固定後切開，捲壽司捲簾需緊抓保鮮膜底部，才能跟飯一起捲成壽司。

平底鍋上倒入少許葡萄籽油。

放上彩椒和金針菇、蔥絲、⑧的牛肉。

倒入③的牛肉後用小火拌炒。

札實地捲成壽司。

在砧板上鋪壽司捲簾，並在上面鋪上保鮮膜及薄薄一層飯。

切成適當大小後放入容器中。

牛肉雜糧飯蔬菜捲

嗆辣且帶有甜味的

蒜苗牛肉壽司

388
kcal

15
分鐘料理

🛒 **準 備 材 料**

		物品	數量	特殊事項
主材料	(01)	雜糧飯	1/2碗	
	(02)	牛肉	70g	炒什錦用肉。
	(03)	蒜苗	50g	
	(04)	紫高麗菜葉、 萵苣葉、海苔	各2片	
燉牛肉蒜苗的 醬料	(05)	紅辣椒	1根	
	(06)	醬油	1小匙	
	(07)	料理酒	2小匙	
	(08)	胡椒粉、麻油	各少許	
	(09)	葡萄籽油、紫蘇油	各適量	
牛肉醬料	(10)	蔥末、蒜末	各1小匙	
	(11)	醬油、麻油	各1/2小匙	
	(12)	蜂蜜	1/3小匙	
	(13)	鹽巴、胡椒粉	各少許	

蒜苗有降低膽固醇的效果，可是蛋白質不足；牛肉有豐富的蛋白質，但脂肪量較高，兩者一起攝取可互補並達到營養均衡的效果。

料理步驟 （● 準備　● 料理）

用廚房紙巾包覆牛肉，吸取血水。

放入全部的牛肉調味醬料後，均勻攪拌，
放置一段時間。

紅色辣椒直的切半後，去籽切成絲。

紫色高麗菜葉和萵苣葉也切成細絲。

蒜苗切成4cm長的大小。

放入已加入鹽巴的滾水中川燙。

也可把蒜苗泡在醋裡做為醃漬小菜來吃。

製作蒜苗牛肉壽司時，必須最後放辣椒絲，才能有不同的口感。

07

倒入葡萄籽油後拌炒②的牛肉，再倒入紫蘇油後加入⑥燙過的蒜苗。

10

壽司捲簾上鋪上海苔及薄薄的一層雜糧飯。

08

拌炒後倒入適量的醬油和料理酒，讓所有食材都均勻吸收。

11

再鋪上切絲的紫高麗菜葉和萵苣葉，以及剛才炒的蒜苗牛肉後，捲起來。

09

加入③的紅辣椒絲，再灑上麻油和胡椒粉，充分翻炒過後關火。

12

切成適當大小後裝入容器中。

蒜苗牛肉壽司

爽口口感讓心情愉悅的越南春捲

雞胸肉越南春捲

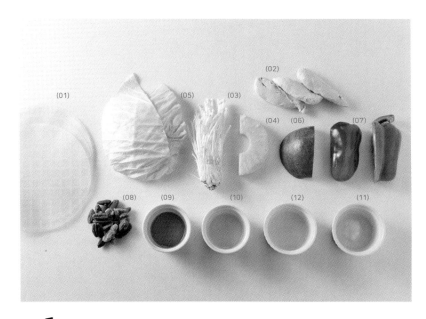

396
kcal

10
分鐘料理

🛒 **準 備 材 料**

		物品	數量	特殊事項
主材料	(01)	米紙	4片	
	(02)	雞胸肉	1塊	
	(03)	金針菇	1/3把	
	(04)	鳳梨切片	1/2片	提供酸甜味道。
	(05)	高麗菜葉	1片	
	(06)	蘋果	1/4顆	
	(07)	青、紅彩椒	各1/3顆	
堅果類醬料	(08)	堅果類	20g	
	(09)	果糖	1/2小匙	
	(10)	低脂牛奶	1大匙	
	(11)	低脂希臘優格	1小匙	
	(12)	白酒	1小匙	若無，可以省略。

可吃到各種蔬菜的越南
春捲，是瘦身人們最喜
歡的食物，比起先包好
後再吃，邊包邊慢慢吃
的飽足感更充足。

料 理 步 驟 （🔘 準備 ▶ 料理）

01 堅果類放在乾平底鍋上用小火炒至焦黃。

02 用果汁機把炒過的堅果類打碎。

03 除了白酒以外，將其他堅果類醬料材料倒入鍋中開火，煮滾後轉小火並加入白酒，攪拌收汁。

04 高麗菜葉切絲，金針菇底部切掉，用手一一撕開。

05 蘋果切絲、鳳梨片切成8等份。

06 青、紅彩椒也切絲備用。

根據自己喜好，醬料也可用成沾醬沾來吃。

把米紙一張一張鋪好，避免互相沾黏。

07

用手把煮熟的雞胸肉，撕成適合吃的大小。

10

把1/2匙的堅果類醬料鋪在⑨的米紙中間。

08

把米紙泡入熱水中。

11

再把準備好的蔬菜和水果鋪上，
最後放上雞胸肉。

09

變透明後放在乾淨的濕布上，裁成一半。

12

把兩側米紙往中間摺，牢牢固定食材。

雞胸肉越南春捲

彷彿在吃西式炒肉片感覺的三明治

牛肉炒洋蔥三明治

410
kcal

15
分鐘料理

🛒 準 備 材 料

		物品	數量	特殊事項
材料	(01)	雜糧吐司	2片	
	(02)	牛肉	50g	炒什錦用肉。
	(03)	洋蔥、雞蛋	各1顆	
	(04)	法式黃芥末醬	1小匙	
醬料	(05)	義大利香醋、橄欖油	各1小匙	
	(06)	鹽巴、胡椒粉	各少許	

牛肉炒洋蔥三明治是能
吃到洋蔥爽脆口感的料
理，為了保留洋蔥的口
感，不要炒到太過熟。

料理步驟 (● 準備 ● 料理)

01 將洋蔥切成較厚的絲狀。

02 用廚房紙巾吸除牛肉的血水。

03 把醬料材料全都倒進碗裡均勻攪拌。

04 倒入少許葡萄籽油在平底鍋。

05 煎一顆蛋後盛出。

06 在相同的平底鍋裡放入洋蔥絲拌炒。

擦拭掉煎蛋的油後，倒入少許水再炒蔬菜，可減少卡路里的攝取。

07

洋蔥稍微變軟後就放入牛肉拌炒。

10

兩片麵包各一面塗上法式黃芥末醬。

08

牛肉表面變黃後就倒入③的醬料，
再繼續翻炒。

11

把牛肉炒洋蔥放在其中一片吐司上。

09

把兩片吐司放在未抹油的烤架，
把兩面烤到焦黃。

12

放上煎蛋後再蓋上另一片吐司。

牛肉炒洋蔥三明治

忘卻雞胸肉的乾癟口感，只吃到軟嫩口感的三明治

雞胸肉番茄三明治

428
kcal

10
分鐘料理

🛒 **準 備 材 料**

		物品	數量	特殊事項
主材料	(01)	全麥吐司	2片	
	(02)	雞胸肉	1片(約100g)	
	(03)	番茄、青椒	各1/4顆	
	(04)	洋蔥	1/6顆	泡入冷水去除辛辣味。
	(05)	萵苣葉	2片	
	(06)	菊苣	少量	
	(07)	法式黃芥末醬	1小匙	
照燒醬料	(08)	醬油、清酒	各1大匙	
	(09)	生薑汁、檸檬汁	各1小匙	

想要減少醬料攝取的分量，可去除法式黃芥末醬，若追求低鹽飲食，在製作照燒醬料時可多加入一些水來調整雞胸肉的味道，也可不放入法式黃芥末醬。

料理步驟 （ ● 準備 ● 料理 ）

01 為了讓雞胸肉能熟透，可用刀背輕敲雞肉較厚的部分。

02 將洋蔥切絲後泡入冷水，再拿出來瀝乾。

03 青椒切絲。

04 番茄切成厚0.5cm的圓形。

05 萵苣葉和菊苣泡入冷水。

06 撕開適合吃的大小後用廚房紙巾按壓，使之平整並除去水氣。

1.麵包烤到金黃才能消除水氣，做出不會坍塌的三明治。2.用竹籤戳雞胸肉。若可直接插入，沒有卡住的感覺就代表熟透了。

07 平底鍋上倒些水。

10 吐司放上沒有抹油的烤架上，兩面烤到金黃。

08 用中火煮雞胸肉，兩面表面熟了可再加點水後把火轉小並蓋上鍋蓋，用水蒸氣把肉中央蒸熟。

11 兩片麵包各一面塗上1/2匙的法式黃芥末醬。

09 倒入以⑧為分量的照燒醬料。用大火煮醬料，需注意不讓醬料燒焦，並將雞胸肉翻面，讓醬料沾滿整塊肉。

12 在一面塗了芥末醬的吐司依序放上蔬菜和冷卻的雞胸肉，最後蓋上另一片吐司。

雞胸肉番茄三明治

跟五花肉炒魷魚味道相似的美味包飯

豬肉魷魚包飯

432 kcal

10 分鐘料理

🛒 準 備 材 料

		物品	數量	特殊事項
主材料	(01)	薏仁飯	1/2碗	
	(02)	豬肉	50g	碎末。
	(03)	魷魚	1/4隻	處理過的。
	(04)	高麗菜葉	1片	增加甜味。
	(05)	芝麻葉	6片	增添香氣。
	(06)	葡萄籽油	少量	可用水代替。
炒豬肉魷魚的醬料	(07)	胡椒粉	2小匙	
	(08)	辣椒粉、清酒、果糖	各1小匙	
	(09)	蒜末、醬油	各1/2小匙	
	(10)	胡椒粉	少許	

芝麻葉是含有豐富鉀、鈣、鐵質等礦物質的鹼性食品代表，尤其比菠菜擁有更多的鐵質，是鐵質不足女性們所需要的食物。

01 用廚房紙巾將碎豬肉包裹，吸除血水。

02 將高麗菜葉切成碎末。

03 用滾水稍微川燙魷魚。

04 切成碎末。

05 把醬料都混合在一起。

06 將碎豬肉、魷魚和高麗菜葉放入大碗中，
再倒入⑤的醬料。

Part 3. 變得漂亮又健康！三明治&手拿食物便當

這是很容易散掉的食材，請利用保鮮膜來塑型，直接放入便當盒等容器，要吃再解開享用。

07 均勻攪拌後放置20分鐘。

10 把拌炒過的豬肉魷魚倒入薏仁飯中攪拌。

08 在鍋裡倒入一些葡萄籽油或水。

11 放一片芝麻葉在保鮮膜上，倒一匙⑩的拌飯。

09 拌炒⑦。

12 包成圓形。

豬肉魷魚包飯

炒洋蔥和肉排搭配後蹦出好滋味的漢堡型三明治

豬肉洋蔥三明治

456
kcal

15
分鐘料理

🛒 準 備 材 料

		物品	數量	特殊事項
主材料	(01)	黑麥吐司	2片	
	(02)	碎豬肉	100g	
	(03)	萵苣葉	1又1/2片	
	(04)	洋蔥	20g	增加甜味。
	(05)	麵包	1/3片	可用麵包粉代替。
	(06)	蛋液	1大匙	
	(07)	大蒜	1/2大匙	
	(08)	鹽巴、胡椒粉	各少許	
	(09)	肉豆蔻粉	少許	消除腥味。
	(10)	法式黃芥末醬	2小匙	
炒洋蔥	(11)	洋蔥	1/2顆	
	(12)	低脂奶油、蒜末	各1小匙	
	(13)	紅酒	2小匙	

以肉為主食的法國人，得到心血管疾病的機率比美國人小的原因是在於加入料理中的紅酒含有白藜蘆醇，被稱為法式矛盾(French Paradox)，因葡萄擁有相當高成分的抗氧化白藜蘆醇。

01 用廚房紙巾將豬肉碎末包覆後，
將血水吸取出來。

02 麵包去邊後用磨泥器磨碎。

03 大蒜和洋蔥切成碎末。

04 大碗裡倒入豬肉、洋蔥、大蒜、麵包粉、蛋液、
鹽巴、胡椒粉、肉豆蔻粉後進行攪拌，
直到產生黏性。

05 搓出0.7cm厚的圓形後，從中間往下按壓。

06 倒入一些水後放入⑤的肉排，以中火烤2分鐘，
翻面後蓋上鍋蓋。

07

洋蔥切絲。

10

萵苣葉泡在冷水中後再拿出來瀝乾，
用廚房紙巾吸乾並壓平整。

08

鍋裡放入奶油後用中火拌炒洋蔥絲，洋蔥呈現
透明後再倒入蒜末並轉大火均勻攪拌。

11

兩片黑麥麵包放上沒有抹油的烤架上，
兩面烤到金黃。

09

顏色轉褐色後即可倒入紅酒繼續翻炒，
直到有「火候香味」後關火。

12

兩片麵包各一面塗上1小匙的法式黃芥末醬，
再依序放上萵苣葉和炒過的洋蔥，最上面擺
上⑥的肉排後，蓋上另一片麵包，
完成。

豬肉洋蔥三明治

帶有淡淡辣椒醬香的好味道

甜辣牛肉飯糰

462
kcal

15
分鐘料理

🛒 準備材料

		物品	數量	特殊事項
主材料	(01)	雜糧飯	1/2碗	
	(02)	牛肉	80g	碎末。
	(03)	麻油	少許	
炒辣椒醬	(04)	辣椒醬、辣椒粉、清酒	各1/2大匙	
	(05)	蒜末	1/4小匙	
	(06)	蜂蜜、葡萄籽油	各1/2小匙	
	(07)	麻油、芝麻	各1/3小匙	

辣椒醬、包醬、味噌等類搭配上牛肉、豬肉、雞肉、豆腐等食材,來製作調味醬的話,也能增加蛋白質的攝取。

Part 3. 變得漂亮又健康！三明治&手拿食物便當

01 用廚房紙巾將牛肉血水吸掉。

04 拌炒。

02 混合適量的材料後，製作炒辣椒醬。

05 倒入②的炒辣椒醬。

03 鍋裡倒入碎牛肉。

06 炒到沒有水分為止。

瘦身秘訣

3.製作炒辣椒醬時也可善用番茄，製作「番茄牛肉炒辣椒醬」，可減少鈉的含量。

料理秘訣

若沒有三角模型，也可捏出圓形後壓成肉排形狀。

07 拿出三角模型，放入飯後將中間壓出凹槽。

08 塞入⑥的牛肉炒辣椒醬。

09 拿起模型。

10 在鍋裡倒入一些麻油。

11 放上飯糰。

12 把正反面烤到焦黃。

甜辣牛肉飯糰

帶點鹹味又充滿鰻魚香的飯糰

藜麥鰻魚飯糰

478 kcal

15 分鐘料理

🛒 **準 備 材 料**

		物品	數量	特殊事項
主材料	(01)	藜麥鰻魚飯	1/3碗	
	(02)	鰻魚乾	20g	可先在冷水中浸泡10分鐘後沖洗，並用乾平底鍋拌炒。
	(03)	胡蘿蔔	1/3根	
	(04)	鹽巴、葡萄籽油	各少許	可用水代替葡萄籽油。
飯醬料	(05)	麻油	1/2小匙	
	(06)	芝麻鹽	少許	
鰻魚調味醬料	(07)	醬油、蒜末	各1/4小匙	
	(08)	蜂蜜、清酒、芝麻鹽	各1/4小匙	
	(09)	麻油	1/4小匙	

藜麥是蛋白質比白米高2倍、鉀6倍、鈣質7倍、鐵質20倍以上的超級食物，膳食纖維也多，可增加飽足感並促進消化，是最好的瘦身食品。

料理步驟 (◗ 準備 ◗ 料理)

01 將鯷魚乾過篩。

02 倒入醬料後製作鯷魚調味醬。

03 胡蘿蔔切碎。

04 鍋裡倒入葡萄籽油或水，倒入
胡蘿蔔碎末慢慢拌炒。

05 依據喜好加入鹽巴調味，關火後冷卻。

06 將鯷魚乾倒入乾鍋中拌炒後關火，
倒入②的鯷魚調味醬後攪拌。

瘦身秘訣

鰻魚有足夠的蛋白質,再加上蛋白質含量高的穀物藜麥,大大的增加了蛋白質的攝取,若沒有藜麥也可使用比較方便購買的燕麥。

料理秘訣

藜麥跟其他穀物相比,幾乎沒鐵質,也不易結塊,請一定要用保鮮膜作成飯糰後食用。

07 飯裡倒入醬料。

08 輕輕攪拌。

09 在醬料飯裡倒入⑥炒過的鰻魚。

10 再倒入⑤的胡蘿蔔。

11 裝入適當飯量。

12 包成圓形。

藜麥鰻魚飯糰

生洋蔥的辛辣和鮭魚很搭的三明治

鮭魚洋蔥三明治

482 kcal

5 分鐘料理

🛒 準 備 材 料

		物品	數量	特殊事項
主材料	(01)	全麥吐司	2片	
	(02)	煙燻鮭魚	100g	切成方便吃的大小。
	(03)	Ricotta起司	1大匙	
	(04)	洋蔥	1/3顆	可消除腥味。
	(05)	沙拉用蔬菜	40g	泡水後使用。
醬料	(06)	洋蔥碎末	2小匙	
	(07)	酸豆碎末	1/3小匙	若沒有可省略。
	(08)	蒜末	1/3小匙	可消除鮭魚腥味。

Ricotta起司是起司中卡路里最低的,可做成不同的沙拉,在家也能輕鬆簡單地製作。

01 洋蔥切成薄薄的圓形。

02 在冷水裡泡10分鐘消除辛辣味。

03 將水瀝乾。

04 把沙拉用蔬菜浸泡在冷水裡。

05 用脫水機把蔬菜水分瀝乾。

06 將醬料材料混合，製作醬料。

Part 3. 變得漂亮又健康！三明治&手拿食物便當

可用酸黃瓜來代替酸豆。　**洋蔥要薄才能襯托出鮭魚。**

07 吐司放在沒有抹油的烤架上，兩面烤到焦黃。

10 鋪上一半的煙燻鮭魚後，再塗上⑥的醬料。

08 兩片麵包各一面塗上Ricotta起司。

11 再放上剩下的蔬菜和煙燻鮭魚後，塗上醬料。

09 放上一半沙拉用蔬菜和洋蔥。

12 蓋上另一片吐司。

鮭魚洋蔥三明治

可吃到滿嘴蘋果香的壽司

滷雞胸肉壽司

490 kcal

10 分鐘料理

🛒 **準 備 材 料**

		物品	數量	特殊事項
主材料	(01)	糙米飯	1/2碗	
	(02)	滷雞胸肉	1/2杯(30g)	
	(03)	海苔	1片	
	(04)	雞蛋	1顆	
	(05)	蘋果	1/3顆	當作核心材料使用。
	(06)	胡蘿蔔	1/6根	
	(07)	紫高麗菜、萵苣葉	各1片	
	(08)	芝麻葉	2片	
配料醋	(09)	醋、果糖	各2小匙	
	(10)	鹽巴	少許	
美乃滋醬料	(11)	美乃滋	2小匙	依據喜好添加。
	(12)	芥末、檸檬汁	各1小匙	
	(13)	鹽巴、胡椒粉	各少許	

好看又好吃的手拿食物，製作方式簡單又有豐富的營養，就算不是食譜裡的蔬菜，也可改成其他不同的蔬菜來嘗試。

01 均勻攪拌蛋液。

02 煎成薄片後切成2等份。

03 萵苣葉和紫高麗菜葉切絲。

04 蘋果和胡蘿蔔蔔也同樣切絲。

05 把製作美奶滋的材料混合攪拌。

06 將配料醋的材料均勻混合，讓鹽巴融化。

Part 3. 變得漂亮又健康！三明治&手拿食物便當

07

將滷雞胸肉瀝乾。

10

塗上美乃滋醬料後鋪上雞蛋薄片和芝麻葉。

08

碗裡倒入糙米飯和配料醋，均勻地混合。

11

上面放上切好的蔬菜和醬雞肉，
用壽司捲簾捲好。

09

將混有配料醋的糙米飯鋪在海苔上。

12

切成適合吃的大小後裝入容器裡。

滷雞胸肉壽司

滿滿牛蒡香味的豆皮壽司

牛蒡雜糧壽司

490
kcal

10
分鐘料理

🛒 準 備 材 料

		物品	數量	特殊事項
主材料	(01)	雜糧飯	1/3碗	
	(02)	豆皮(壽司用)	4片	在滾水中川燙後使用。
	(03)	牛蒡	50g	請把表皮洗乾淨。
	(04)	小黃瓜、胡蘿蔔	各1/6根	
	(05)	鹽巴	少許	可省略。
醬牛蒡醬料	(06)	醬油、果糖、清酒	各1小匙	
	(07)	蒜末	1/4小匙	
	(08)	水	2小匙	

豆皮是炸過的豆腐製品，卡路里偏高，因此請放入雜糧飯和各種蔬菜。

料 理 步 驟 （● 準備 ● 料理）

Part 3. 變得漂亮又健康！三明治&手拿食物便當

01 用削鉛筆的方式將牛蒡垂直削成薄片。

02 浸泡在冷水中。

03 鍋裡倒入一些水後，拌炒牛蒡絲。

04 倒入混合後的醬料，再均勻攪拌。

05 取出平鋪冷卻。

06 將⑤的牛蒡切成碎末。

瘦身秘訣

豆皮壽司用的豆皮已經是調味過的，請記得瀝乾後使用，並把要包入的材料味道調淡。另外使用豆皮之前也可以先在滾水中燙過，降低原本的鹹度。

料理秘訣

拌炒牛蒡時可加2大匙水，能更快熟透。

07

小黃瓜切碎。

10

再倒入小黃瓜，最後用鹽巴調味。

08

胡蘿蔔也切碎。

11

在碗內倒入雜糧飯及⑥的醬牛蒡、小黃瓜、胡蘿蔔碎末後，均勻攪拌。

09

加入些許葡萄籽油後先拌炒胡蘿蔔。

12

塞滿豆皮內餡後，擺盤。

牛蒡雜糧壽司

熟悉烤肉味道的三明治

烤牛肉三明治

494
kcal

10
分鐘料理

🛒 **準 備 材 料**

放入香菇和肉類一起拌
炒的話，可減少鹽分。

		物品	數量	特殊事項
主材料	(01)	黑麥吐司	2片	
	(02)	牛肉	70g	烤肉用。
	(03)	萵苣葉	1片	
	(04)	洋蔥(小的)	1/6顆	給予甜味。
	(05)	酸黃瓜	1/2根	切成薄片。
	(06)	法式黃芥末醬	1小匙	
牛肉醬料	(07)	蔥末、蒜末、醬油	各1/2小匙	
	(08)	清酒、芝麻鹽、麻油	各1/4小匙	芝麻鹽可用炒過的亞麻籽代替。
	(09)	青梅汁	1小匙	
	(10)	胡椒粉	少許	

料 理 步 驟 （● 準備 ● 料理）

01

用廚房紙巾吸取牛肉多餘的血水。

02

倒入牛肉醬料後用手攪拌。

03

萵苣葉浸泡冷水中。

04

用廚房紙巾壓出多餘水分後壓平整，
用手撕成小片。

05

洋蔥切成細絲。

06

把調味過的牛肉倒入平底鍋內。

Part 3. 變得漂亮又健康！三明治&手拿食物便當

需烤到牛肉沒有多餘的水分為止，烤過後的牛肉要等到冷卻後再放入吐司內。

07

炒到牛肉沒有水氣且呈現金黃色。

10

其中一片吐司放上萵苣葉、牛肉。

08

將兩片黑麥吐司放在烤架上，兩面烤到金黃。

11

放上洋蔥、酸黃瓜。

09

兩片麵包各一面塗上1/2匙的法式黃芥末醬。

12

最後蓋上另一片吐司。

烤牛肉三明治

清爽烤牛肉配上新鮮蔬菜的三明治

炭烤牛肉三明治

500 kcal

5 分鐘料理

🛒 準 備 材 料

		物品	數量	特殊事項
主材料	(01)	雜糧吐司	2片	
	(02)	烤牛肉(薄片)	4片(約100g)	也可使用燙過的里肌。
	(03)	洋蔥、青椒	各1/4顆	
	(04)	酸黃瓜	1根	若沒有可省略，或用辣椒酸黃瓜來代替。
	(05)	紫萵苣	2片	
	(06)	萵苣葉	1片	
	(07)	法式黃芥末醬	1小匙	

烤牛肉可用牛肉里肌、鹽巴、胡椒粉簡單地烤出表層酥脆、內餡軟嫩的牛肉。

料 理 步 驟 (● 準備 ● 料理)

01 洋蔥切成圓形薄片。

02 放入冷水中去除辛辣味。

03 青椒切成圓形。

04 將酸黃瓜直向切片。

05 把紫萵苣和萵苣泡入冷水中。

06 撕成適當大小後用廚房紙巾瀝乾，壓平備用。

若沒有烤牛肉，也可用牛里肌切片後使用。

07 將兩片吐司放在未抹油的烤架上，兩面烤到金黃。

10 再放洋蔥、青椒、烤牛肉。

08 兩片麵包各一面塗上1/2匙的法式黃芥末醬。

11 上面再放上紫萵苣。

09 一片麵包上依序放萵苣葉和酸黃瓜。

12 最後放上另一片吐司。

炭烤牛肉三明治

可咀嚼到堅果香醇和鯷魚鮮味的飯糰

鯷魚堅果類飯糰

500 kcal

15 分鐘料理

🛒 準 備 材 料

		物品	數量	特殊事項
主材料	(01)	糙米藜麥飯	1/3碗	
	(02)	鯷魚乾	20g	
	(03)	堅果類	40g	炒過的。
炒鯷魚堅果醬料	(04)	辣椒醬	1小匙	
	(05)	醬油、蒜末	各1/4小匙	
	(06)	蜂蜜、清酒	各1/4小匙	
	(07)	芝麻鹽、麻油	各1/4小匙	

不妨善用各種堅果類來製作飯糰，增加飽足感和營養。

01 將鰻魚乾過篩。

02 抖出碎塊。

03 把堅果類倒入塑膠袋中，用刀背搗碎。

04 倒入適當的量後製成拌炒鰻魚堅果的醬料。

05 在乾平底鍋內拌炒鰻魚。

06 加入堅果碎塊。

瘦身秘訣

加入雞蛋可補充蛋白質的攝取。

料理秘訣

鰻魚乾是鹽分較高的食材,若想減少鰻魚的鹹味,可先將鰻魚乾泡入冷水,每10分鐘換水,重複數次來降低鹽分。

07 拌炒。

10 倒入糙米藜麥飯。

08 關火後倒入④的醬料。

11 輕輕均勻攪拌。

09 把完成的炒鰻魚堅果倒入碗中。

12 用手掌和保鮮膜包成適當大小,牢牢壓成飯糰狀。

鰻魚堅果類飯糰

PART
04

再忙也不能餓肚子！
低卡路里料理

這單元是為了想在繁忙日常中吃一餐像樣的人們所準備的食譜！以「低鹽、低脂、低卡路里」為目標所打造的一餐，由健康碳水化合物食品和低脂蛋白質以及增加消化吸收率的蔬菜所組成。●請各位一定要試試對身體好的糙米和各種雜糧混合的飯、脂肪量較低的蛋白質食品及善用各種蔬菜的健康料理。●這單元將介紹如何用簡單的料理方法來烹飪出美味且眾多營養素的瘦身餐。●瘦身餐一定沒有味道？請嘗試低鹽、低脂、低卡路里的沙拉或醋拌蔬菜，不僅美味又能增加消化吸收，可提供一天所需的膳食纖維。

瘦身料理法POINT！

- 為了攝取膳食纖維和蔬菜營養，請多利用各種不同的蔬菜。

- 用油量較少的烹煮或烤的料理方法來代替炸或炒。

- 減少攝取鹽分和糖分含量較高的醬料，使用可呈現食物原本風味的料理方法。

- 考慮到基本米飯的血糖指數(GI)，建議改吃糙米或雜糧米。

彷彿在吃薑燒蝦仁的美味料理

蝦仁紅椒蓋飯

345 kcal

10 分鐘料理

🛒 準 備 材 料

		物品	數量	特殊事項
蓋飯	(01)	糙米飯	1/2碗	
	(02)	雞尾酒蝦	10隻	中小型。
	(03)	蘑菇	2朵	
	(04)	青、紅彩椒	各1/6顆	增加咀嚼感。
	(05)	洋蔥	1/8顆	
	(06)	清酒、檸檬汁	各1小匙	
	(07)	鹽巴、胡椒粉、芝麻鹽	各少許	
醬料	(08)	番茄醬料	2小匙	可用番茄醬代替。
	(09)	蜂蜜	1/2小匙	
	(10)	蠔油、醬油、辣椒醬	各1/4小匙	
	(11)	清酒	1大匙	
	(12)	麻油	少許	

彩椒裡的 β 胡蘿蔔營養素在經過油的拌炒之後可增加吸收，各種顏色的彩椒能增添食物的視覺效果，建議用彩椒來製作一頓美味的早餐。

料理步驟 （● 準備 ● 料理）

01 在蝦子上倒一些清酒、檸檬汁和胡椒粉。

04 將蘑菇切成6等份。

02 均勻攪拌。

05 把切半後去除籽的彩椒和洋蔥都切成1.5cm塊狀。

03 把蝦子過篩，去除水分。

06 將蓋飯醬料混合攪拌。

 料理秘訣

暫時用醃料醃蝦子的話，可去除腥味並增加柔
軟、彈口的口感。

07　鍋裡倒些水。

10　再加入蘑菇。

08　放入彩椒和洋蔥拌炒。

11　在蝦子快熟時倒入⑥的蓋飯醬料，
仔細拌炒後稍微煮一下。

09　倒入③的蝦子。

12　飯上倒入炒過的蝦，再灑上芝麻鹽，完成。

蝦仁紅椒蓋飯

味噌香和軟嫩豬肉很搭的蓋飯

豬肉黃豆芽飯

369 kcal

30 分鐘料理

🛒 準 備 材 料　※為2次的分量、1次的卡路里為基準

		物品	數量	特殊事項
飯	(01)	泡開的薏仁	1/4杯	前一天泡開後放入冰箱。
	(02)	泡開的白米	1/4杯	
	(03)	豬肉(里肌)	100g	或炒什錦用肉。
	(04)	黃豆芽	100g	
	(05)	韭菜	1/2把	或多放一些。
	(06)	洋蔥	1/6顆	
	(07)	鯷魚湯汁	1/2杯	更增添風味。
豬肉醬料	(08)	味噌、料酒	各1小匙	
	(09)	鹽巴、胡椒粉	各少許	
調味醬	(10)	醬油	2小匙	
	(11)	辣椒粉、青梅汁	各1小匙	
	(12)	蒜末	1/3小匙	
	(13)	芝麻鹽	少許	沒有也沒關係。

即使是相同的菜單，只要稍微改變一下材料就可以成為健康的一餐。不妨動手試著在黃豆芽飯裡放入豬肉，成為簡單又健康的菜色吧！

料 理 步 驟 （● 準備 ● 料理）

01

將泡開的薏仁和白米過篩，去除水分。

04

洋蔥切絲。

02

把豬肉大大切塊。

05

剔除黃豆芽尾端後，洗淨、瀝乾。

03

放入②豬肉量的醬料分量，均勻攪拌。

06

韭菜洗乾淨後，切成4cm。

1.豬肉和韭菜一起攝取的話，可幫助維他命B1的吸收以及促進碳水化合物轉變成能量，可幫助瘦身。

2.薏仁對瘦身有效，但懷孕中或準備懷孕的女性最好不要攝取，懷孕婦女請改為攝取糙米。

07 碗裡倒入適當分量的醬料材料後，攪拌混合成醬料。

10 再鋪上黃豆芽後倒入鯷魚湯汁，蓋上鍋蓋後以大火煮滾。

08 把浸泡過的米和薏仁倒入小湯鍋內。

11 煮滾後轉小火煮12分鐘，讓底層的穀類熟透後關火，蓋上鍋蓋悶10分鐘。

09 放入③的豬肉和洋蔥絲。

12 最後上面放上切好的韭菜，旁邊再附上調好的醬料。

猪肉賽豆芽飯

牛肉茄子蓋飯

380 kcal

10 分鐘料理

🛒 準 備 材 料

		物品	數量	特殊事項
蓋飯	(01)	糙米飯	1/2碗	
	(02)	牛肉(後腿肉)	70g	碎末。
	(03)	茄子	1/2條	
	(04)	紅辣椒	1/2根	
	(05)	小蔥	2根	若無可用大蔥代替
	(06)	櫛瓜	1/3條	
	(07)	水	2大匙	
	(08)	葡萄籽油	適量	可用水代替。
牛肉醬料	(09)	醬油、蔥末、蒜末	各1/2小匙	
	(10)	蜂蜜	1/3小匙	
	(11)	鹽巴、胡椒粉	各少許	
蓋飯醬料	(12)	醬油、蜂蜜、蒜末	各1小匙	
	(13)	麻油	1/2大匙	

別因為想瘦身而不吃肉類。牛肉是有優質蛋白質的瘦身食品,但為了不攝取高卡路里,需搭配蔬菜一起食用,這麼一來美味和營養兼具,一舉兩得。

料理步驟 （● 準備 ● 料理）

01 先將茄子直向對切後，再斜切成細片；
櫛瓜則切成半月型的薄片。

02 小蔥切成3cm長。

03 紅色辣椒剖半去籽。

04 切成3cm長的條狀。

05 用廚房紙巾吸取牛肉多餘的血水。

06 牛肉與醬料混合後均勻攪拌、放置備用。

1. 若喜歡稍鹹的味道,可加入一些蓋飯醬料烹煮,想嚴格遵守低鹽飲食或限制卡路里的話,可去除醬料並加入蔬菜或生菜沙拉一起食用。

2. 想增加蛋白質的攝取量,可加入豆腐或雞蛋。

07

在有葡萄籽油(或水)的鍋中,倒入拌過醬的牛肉後翻炒。

10

加入2大匙水。

08

牛肉炒熟後倒入茄子和櫛瓜。

11

放入小蔥、辣椒絲,用大火拌炒入味後關火。

09

倒入蓋飯醬料後繼續拌炒。

12

擺放在糙米飯旁,完成。

牛肉茄子蓋飯

散發淡淡薺菜香的炒飯

蝦仁薺菜青花菜炒飯

407

kcal

10

分鐘料理

🛒 準 備 材 料

請試著用低脂肪蛋白質食品的蝦子和超級食物青花菜一起做成炒飯。

		物品	數量	特殊事項
蛋炒飯	(01)	糙米飯	1/2碗	
	(02)	雞尾酒蝦	10隻	若無可省略。
	(03)	薺菜	2把(約30g)	可用山蒜、青江菜、小白菜或根菜類代替
	(04)	青花菜	1/2朵	可使用根部。
	(05)	大蔥(白色部分)	1/2根	也可多使用。
	(06)	蠔油	1小匙	
蝦子調味料	(07)	米酒	1大匙	
	(08)	蒜末	1/2小匙	
	(09)	麻油、鹽巴、胡椒粉	各少許	

料理步驟 (● 準備 ● 料理)

01 把蝦子處理好後用滾水稍微燙過，切成適合吃的大小。

02 加入適量調味料後拌攪蝦子，在室溫下放置3～5分鐘。

03 用篩子瀝去水分。

04 青花菜根部切除後切成許多小朵，在加入1小匙鹽的滾水中川燙30秒後再用冷水沖洗，瀝乾水分。

05 將④的青花菜切成適當大小，莖也切塊。

06 大蔥切成細蔥末。

蝦子多少有些膽固醇，但飽和脂肪比肉類少，是推薦給想瘦身者食用的低脂肪高蛋白食品。

步驟：關火後倒入麻油，拌炒後裝入碗內。

07 薺菜清洗整理乾淨後，較細的根部切除，粗的根部和較大的葉子切半，切成適合吃的大小。

10 倒入糙米飯後慢慢翻炒。

08 在熱好的鍋內倒些水，放入③調過味的蝦子後拌炒。

11 倒一些蠔油，增添風味。

09 當蝦子快熟時放入切好的蔥末，拌炒出蔥香後，倒入燙過的青花菜和青花菜莖。

12 最後放入處理過的薺菜和鹽巴，快速翻炒與飯混合後完成。

蝦仁薺菜青花菜炒飯

讓濃郁奶油和蒜香融為一體的蓋飯

牛肉烤蒜蓋飯

409 kcal

15 分鐘料理

🛒 準 備 材 料

		物品	數量	特殊事項
蓋飯	(01)	糙米飯	1/2碗	
	(02)	牛肉(沙朗)	100g	去除油脂後使用。 也可用里肌或菲力代替。
	(03)	蒜	1顆	
	(04)	杏鮑菇	1朵	
	(05)	洋蔥	1/6顆	
	(06)	萵苣葉	3片	
	(07)	奶油	1小匙	使用低脂、無鹽奶油。
	(08)	鹽巴、胡椒粉、橄欖油	各少許	橄欖油可用水代替。
醬料	(09)	水	1杯	
	(10)	韓式醬油	1小匙	
	(11)	蜂蜜	1/2小匙	
	(12)	生薑汁	少許	

各位知道將大蒜烤來吃會比生吃來的能吸收到更多營養嗎？大蒜是由美國國立癌症研究所選定的抗癌食品，具有預防癌症的效果。

料理步驟 （● 準備 ◉ 料理）

01 將切半的杏鮑菇和大蒜切片、洋蔥切絲、萵苣葉切成2cm寬。

04 鍋裡倒入橄欖油(或水)，拌炒洋蔥絲和杏鮑菇。

02 將蓋飯醬料材料倒在一起混合。

05 等杏鮑菇稍微熟透，再放入萵苣葉，灑上一些鹽巴後繼續翻炒。

03 去除牛肉脂肪的部位後，切片。

06 萵苣葉熟透後倒入較寬的盤子裡冷卻。

07

鍋裡倒入橄欖油(或水)，放入蒜片拌炒。

10

等醬料煮滾後，倒入牛肉，傾斜鍋子讓醬汁和
肉類混合。

08

聞到蒜香後，倒入③的牛肉，灑些胡椒粉，
用大火烤到變色。

11

放入奶油、灑上胡椒粉後輕輕拌炒。

09

將烤牛肉的平底鍋傾斜，倒入②的蓋飯醬料後
煮滾。

12

把炒過的青菜和牛肉放在糙米飯旁，再灑上一些
剩餘的醬料。

牛肉烤蒜蓋飯

充滿濃濃海味的粥

大麥海藻牡蠣粥

426
kcal

30
分鐘料理

🛒 準 備 材 料

		物品	數量	特殊事項
粥	(01)	浸泡過的大麥	1/3杯	
	(02)	水	2又1/2杯	
	(03)	韓式醬油	少許	
	(04)	海藻	40g	當季購買後，冷凍使用。
	(05)	牡蠣	50g	可用其他蛤蠣肉代替使用。
	(06)	麻油	1大匙	也可用紫蘇油。

海藻為低卡路里食物，有豐富的膳食纖維，建議想瘦身的人食用，且有排出體內老化物的效果，也可預防成人病。

01 海藻泡入冷水，清洗2～3次。

04 仔細清洗牡蠣。

02 用篩子瀝乾。

05 用篩子瀝乾。

03 水裡放些鹽巴，做出淡鹽水。

06 鍋裡倒些麻油。

07 將浸泡過的大麥倒入。

10 煮10分鐘後大麥會開始發脹、水分變少，若覺得水分變少時可再加入一些水繼續加熱烹煮，避免燒焦。

08 拌炒。

11 約煮15分鐘，大麥發脹後即可倒入牡蠣。

09 大麥均勻地與麻油混合後，加入1杯水，水滾後2分鐘再轉為中火。

12 加入海藻一起烹煮，約2分鐘後關火，最後加入一些韓式醬油調味。

大麥海藻牡蠣粥

滿滿韭菜風味的營養雞粥

糙米韭菜雞粥

429
kcal

30
分鐘料理

準備材料

請試著用糯米和糙米製成粥品，糯米柔軟的口感和糙米提供的豐富養分，可達到營養均衡。

		物品	數量	特殊事項
粥	(01)	浸泡過的糙米	1/4杯	前一天浸泡。
	(02)	浸泡過的糯米	1/4杯	只需浸泡1小時。
	(03)	雞胸肉	1片	請準備熟雞胸肉。
	(04)	洋蔥、胡蘿蔔	各約20g	
	(05)	韭菜	4根	可用蔥、薺菜等代替。
	(06)	蒜末、鹽巴	各1小匙	
	(07)	水	2又1/2杯	

料 理 步 驟 （● 準備 ● 料理）

瘦身秘訣

1. 請先把食物冷卻，食用之前再調味，因食物太燙時調味有可能會使食物過鹹。

01 洋蔥切丁。

04 燙過的雞胸肉過篩去除多餘水分。

02 胡蘿蔔也切成細絲後切丁。

05 鍋內倒入泡脹的糙米。

03 韭菜也切段。

06 加入泡脹的糯米。

Part 4. 再忙也不能餓肚子！低卡路里料理

2.若使用雞胸肉罐頭，可先將肉在滾水中稍微燙過，減少鹽分。 3.若想增加蛋白質的攝取，最後可以多加一顆蛋。

1.請在前一天料理好，隔天早上加熱後享用。 2.製作前一天先將糙米泡水後放入冰箱冷藏；糯米請在使用1小時前泡水，若是在前一天泡水，可過1小時後把水瀝乾，放入冰箱冷藏。

07

倒水後以大火煮滾。

10

放入④的雞胸肉後再用小火煮開。

08

滾開後多煮3～4分鐘，轉中火後慢慢攪拌避免燒焦，並再多煮15分鐘。

11

等到糯米脹開變黏稠關火。

09

把切碎的胡蘿蔔、洋蔥、韭菜、蒜末倒入鍋中。

12

加入鹽巴調味。

糙米韭菜雞粥

用醬菜改造成津津有味的蓋飯

生菜豬肉香菇蓋飯

440 kcal

35 分鐘料理

🛒 準備材料

		物品	數量	特殊事項
飯	(01)	薏仁飯	1/3碗	
醬豬肉主材料	(02)	豬肉(里肌)	100g	
	(03)	香菇	2朵	
醬豬肉醬料	(04)	調味醬油	5大匙	在釀造醬油中放入蔬菜或水果等煮滾，即是濃郁香味和美味的醬油。
	(05)	韓式醬油	1小匙	
	(06)	果糖	1大匙	
煮豬肉的水	(07)	水	1杯	
	(08)	洋蔥(小的)	1/2顆	分成3～4等份。
	(09)	生薑	1/2塊	切片。
	(10)	整顆胡椒	1/2小匙	
	(11)	清酒	1大匙	
	(12)	昆布	1片	增添風味。

請試著用常吃的醬菜做成簡單蓋飯，搭配生菜一起享用可減少鹽分的攝取。

搭配生菜一起吃時，蔬菜含有的鉀可降低鈉的攝取。

01

將豬肉切成拳頭一半的大小後，浸泡在冷水中30分鐘，排出血水，需換2到3次水來清除浮出的油塊。

02

香菇切成4等份。

03

鍋內倒入水後開火。

04

放入已去除血水的豬肉。

05

放入切成適當大小的洋蔥、生薑和整顆胡椒熬煮。

06

水沸騰後放入昆布，並多煮5分鐘。

1. 請在前一天先製作當作小菜的醬菜。
2. 醬豬肉香菇為兩餐的分量，請分一半後放入冰箱冷藏。

3. 用濃醬油來製作醬菜時，濃醬油特殊的鹹味會過重，這時加入韓式醬油可增加不同味道的風味。

07 將昆布拿出後再多煮15分鐘。

10 倒入果糖煮滾1分鐘後關火。

08 倒入調味醬油和韓式醬油，多煮10分鐘。

11 醬豬肉塊撕成適合吃的大小。

09 放入②的香菇後煮滾，讓香菇稍微熟透。

12 在薏仁飯旁擺上醬豬肉香菇，並均勻灑上1又1/2大匙的醬料湯汁。

生菜醬肉香菇蓋飯

想到烤肉就想吃的蓋飯

豬肉洋蔥蓋飯

449
kcal

15
分鐘料理

🛒 準 備 材 料

		物品	數量	特殊事項
蓋飯	(01)	薏仁飯	1/2碗	
	(02)	豬肉(豬頸肉)	100g	請切除脂肪較多的地方。
	(03)	洋蔥	1/2顆	
	(04)	韭菜	10根	增添香味，可再增加分量。
豬肉醬料	(05)	蘋果、洋蔥	各1/12顆	
	(06)	大蒜	1/2瓣	
	(07)	濃醬油、清酒	各1大匙	
	(08)	蜂蜜	1/2大匙	
	(09)	生薑汁	1/4大匙	乾生薑用水清洗過包覆棉布來榨汁或磨過後擠出汁來使用。
	(10)	麻油	1/4小匙	

洋蔥是對瘦身有益的好食品，有降低膽固醇的效果，很適合跟肉類一起搭配攝取。

料理步驟 （● 準備 ● 料理）

01

把醬料材料裡的蘋果、洋蔥、大蒜切成可打碎的
大小後，用果汁機打碎。

02

將①與剩下的醬料混合。

03

去除豬肉油脂較多的部分。

04

浸泡②的醬料，等待30分鐘發酵。

05

洋蔥切成圓形薄片。

06

韭菜切成4cm長。

瘦身秘訣

洋蔥內的槲皮素成分為抗氧化營養素，可除去體內的活性酸素。

料理秘訣

最好把豬肉浸泡在醬料中並放置於冰箱一天來發酵，不過浸泡醬料只需一半即可。

07

鍋裡倒入一些水後拌炒洋蔥。

10

豬肉全熟後夾出來。

08

用其他的平底鍋放入④的豬肉。

11

切成一口大小。

09

蓋上蓋子悶烤。

12

在薏仁飯旁擺上滿滿的烤豬肉、洋蔥、韭菜。

豬肉洋蔥蓋飯

香菇和牡蠣香味滿溢的美味

大麥香菇牡蠣粥

452
kcal

25
分鐘料理

🛒 準 備 材 料

		物品	數量	特殊事項
粥	(01)	浸泡過的大麥	1/3杯	
	(02)	水	2杯	
	(03)	牡蠣	50g	可用紅蛤、蛤蠣等代替。
	(04)	香菇	1朵	增添美味。
	(05)	杏鮑菇	1/2朵	
	(06)	麻油	1大匙	
	(07)	韓式醬油	少許	

被稱作海中牛奶的牡
蠣！牡蠣的卡路里和脂
肪含量較少，是瘦身時
可安心吃的食品，它含
有的牛黃酸成分有降低
膽固醇的效果。

01 加入鹽巴，製作淡鹽巴水。

02 將牡蠣清洗乾淨。

03 過篩，瀝乾水分。

04 將香菇和杏鮑菇直向切半後切片。

05 鍋內倒入1/2匙麻油。

06 倒入泡脹的大麥。

一般來說粥會跟魚醬或泡菜一起食用，但為了調整鈉的攝取量，建議搭配青菜或生菜沙拉來補充膳食纖維並增加飽足感。

1.請預先於前一晚製作。 2.完成的料理為2人份，請先分出一半食用，另一半則放入冰箱冷藏。 3.牡蠣最好是在食用前放入一起熱煮。

07 放入步驟④的香菇。

10 等全部的大麥都脹開，水分變少後，倒入2杯水後並繼續拌攪。

08 均勻拌炒。

11 把剩下的1/2匙麻油倒入後攪拌。

09 等大麥與麻油均勻混合後，加入1/2杯的水烹煮。

12 等大麥熟透後，再倒入牡蠣稍微煮開後關火，最後用韓式醬油調味。

大麥香菇牡蠣粥

濃郁東南亞香氣的風味炒飯

雞肉高麗菜炒飯

460
kcal

10
分鐘料理

🛒 準 備 材 料

		物品	數量	特殊事項
炒飯	(01)	糙米飯	1/2碗	
	(02)	雞胸肉	50g	
	(03)	蝦	3隻	
	(04)	雞蛋	1顆	
	(05)	高麗菜葉	1片	
	(06)	小番茄	3顆	若無可省略。
	(07)	大蔥	1/4根	
	(08)	鹽巴、胡椒粉、橄欖油	各少許	可用水代替橄欖油。
	(09)	小蔥	少許	切成蔥末，若無可省略。
	(10)	炒花生	1/2大匙	碎花生，若無可省略。
醬料	(11)	大蒜	1～2瓣	切成薄片。
	(12)	魚露	1/2小匙	可用鯷魚湯汁代替。
	(13)	醬油、辣醬、洋蔥汁	各1/2小匙	

請用糙米飯和雞胸肉並與各種蔬菜做出不同風味的炒飯，不僅可減少雞胸肉的單調口感，還能成為簡單又飽足的一餐。

01　把處理過的蝦稍微川燙後，切成適合吃的大小。

02　川燙雞胸肉。

03　撕成適合吃的大小。

04　將高麗菜葉切成2X3cm大小。

05　蔥切細末。

06　番茄切成4等份。

1. 可依照喜好使用或省略小蔥、炒花生。
2. 醬料是為了要突顯炒飯的味道，若想使用低鹽或攝取少一些卡路里，可自行減少。

最重要的是充分地拌炒大蔥後，帶出蔥的甜味和香味，這樣可吃到不同層次的美味。

在熱鍋裡倒些橄欖油後，倒入打發的蛋液，做出滑順的炒蛋。

07

放入高麗菜葉、蝦、雞胸肉，以及鹽巴、胡椒調味，待雞胸肉熟透後再將飯倒入。

10

把切成薄片的大蒜和其他炒飯醬料混合。

08

飯跟料混合後倒入⑧的醬料和炒蛋，再一次翻炒。

11

在熱鍋上倒些水後翻炒蔥末。

09

擺盤後放上小番茄以及碎花生、小蔥末。

12

雞肉高麗菜炒飯

可提升番茄風味的蛋包飯

雞肉蛋包飯

474
kcal

15
分鐘料理

🛒 準 備 材 料

		物品	數量	特殊事項
蛋包飯 (包含外層雞蛋)	(01)	糙米飯	1/2碗	
	(02)	雞胸肉(里肌)	3塊(約60g)	
	(03)	雞蛋	1又1/2顆	
	(04)	低脂牛奶	1大匙	若無可用水代替。
	(05)	蘑菇	2朵	
	(06)	洋蔥	1/6顆	
	(07)	胡蘿蔔	1/6根	若無可省略。
	(08)	青椒	1/2顆	
	(09)	鹽巴、胡椒粉、 葡萄籽油	各少許	
醬料	(10)	番茄汁	1/4杯	
	(11)	番茄醬	1大匙	購買糖分、鈉較少的產品。
	(12)	伍斯特醬	1/2小匙	
	(13)	蒜末	1/4小匙	

依據材料的不同，蛋包飯也會有不同風味，可用冰箱內有的食材來改變一下，蓋上蛋包外衣變身一道營養更加倍的料理。

01

將青椒、洋蔥、胡蘿蔔切丁。

02

蘑菇切成1cm大小。

03

雞肉也切成1cm的大小。

04

鍋裡倒入少許水後拌炒③的雞肉。為了不讓雞肉燒焦，可稍微加點水。

05

等到雞肉半熟後，倒入切好的洋蔥、胡蘿蔔、蘑菇拌炒，加入鹽巴、胡椒粉調味。

06

最後倒入青椒，輕輕混合。

07 倒入伍斯特醬、蒜末後再次翻炒。

10 用筷子攪拌，等到週邊凝固、中間半熟時關火。

08 加入番茄汁、半包番茄醬和飯，以大火快速攪拌混合，攪拌均勻後關火。

11 將飯倒在中間，把兩邊蛋皮往內捲。

09 碗裡倒入雞蛋和低脂牛奶後打勻，在熱鍋中倒些葡萄籽油再倒入蛋液。

12 鍋子翻過來蓋上盤子後裝盤，依照各人喜好添加番茄醬料(剩下一半的番茄汁和番茄醬混合)。

帶來爽口口感的牛蒡料理

牛肉牛蒡什錦炒菜蓋飯

479
kcal

10
分鐘料理

🛒 準 備 材 料

		物品	數量	特殊事項
什錦飯	(01)	糙米飯	1/2碗	
	(02)	牛肉(里肌)	50g	炒什錦用肉。
	(03)	牛蒡	1/3根	帶皮使用。
	(04)	洋蔥	1/4顆	
	(05)	紅辣椒	1根	若無可省略。
	(06)	大蔥	1/3根	增加風味。
	(07)	芝麻鹽	少許	可用亞麻籽代替。
	(08)	葡萄籽油	少許	可用水代替。
醬料	(09)	醬油	1小匙	
	(10)	清酒、蜂蜜、蒜末	各1/3小匙	
	(11)	胡椒粉	少許	

覺得炒什錦步驟複雜且卡路里又高嗎？可製作放入各種蔬菜的炒什錦飯，用牛蒡代替麵條不僅卡路里低、助於健康，清爽口感也是一流。

料理步驟 （● 準備　● 料理）

用廚房紙巾吸取牛肉多餘的血水。

將帶皮的牛蒡洗乾淨後切絲，浸泡冷水後瀝乾；
洋蔥也切絲。

將辣椒直向對切後去籽，直向切絲。

大蔥斜切成薄片。

將所需分量的什錦飯醬料食材混合在一起。

鍋裡倒入葡萄籽油(或水)拌炒牛蒡絲。這時候可
加入一些水(1大匙左右)加速牛蒡軟化。

將牛蒡泡水可防止變褐色。

07 牛蒡約半熟後加入牛肉絲拌炒。

10 等牛肉熟透後加入⑤的蓋飯醬料。

08 倒入洋蔥絲。

11 炒勻、醬料收汁後關火,加入大蔥拌炒。

09 辣椒絲也加入,輕輕拌炒。

12 把完成的炒什錦放在飯旁,依照喜好灑上芝麻鹽。

牛肉牛蒡什錦炒菜蓋飯

美味的醬雞肉蓋飯
雞肉香菇蓋飯

486
kcal

8
分鐘料理

準備材料

		物品	數量	特殊事項
蓋飯	(01)	糙米飯	1/3碗	
	(02)	雞肉(里肌)	80g	
	(03)	蘑菇	2朵	
	(04)	杏鮑菇	1/2朵	
	(05)	糯米椒	3根	斜切。
	(06)	葡萄籽油	適量	
雞肉調味醬料	(07)	鹽巴、胡椒粉	各少許	
	(08)	清酒	1/2小匙	可用白酒代替。
醬料	(09)	醬油、清酒、調味酒	各1小匙	
	(10)	生薑汁、青梅汁	各1小匙	
	(11)	蒜末	1小匙	
	(12)	蠔油	1/2小匙	
	(07)	麻油、鹽巴、胡椒粉	各少許	

香菇是低卡路里，有豐富維他命和礦物質的優質瘦身營養食品，請試著在料理時善用香菇來做出不同的好吃蓋飯。

料理步驟 （● 準備 ● 料理）

01 將雞肉切半並切成適合吃的大小。

04 將蘑菇分成4等份，杏鮑菇則切成長型片狀。

02 拌好醃料後倒入①的雞肉。

05 糯米椒斜切成2等份。

03 仔細搓揉後放置。

06 混合蓋飯的醬料材料。

瘦身秘訣

為了低鹽飲食而不加醬料的話,可額外增加食物以沾的方式來吃。

料理秘訣

炒調味雞肉時若怕雞肉燒焦,可加2大匙的水拌炒。先拌炒糯米椒是為了讓糯米椒的味道融入葡萄籽油中。

07 鍋內倒些葡萄籽油後放入糯米椒,加入鹽巴和胡椒粉快速拌炒後取出來。

08 用相同的鍋子放入③調味過的雞肉。

09 倒入⑥的醬料後輕輕攪拌。

10 入味後放入④的蘑菇。

11 再次放入⑦的糯米椒後拌炒。

12 放在糙米飯旁裝盤。

雞肉香菇蓋飯

牛肉和香菇的完美組合

牛肉香菇粥

490 kcal

30 分鐘料理

🛒 準 備 材 料

		物品	數量	特殊事項
粥	(01)	浸泡過的糯米	1/2杯	只需泡1小時。
	(02)	水	2又1/2杯	
	(03)	牛肉	50g	碎末。
	(04)	香菇	1朵	增添料理風味。
	(05)	韓式醬油	少許	
	(06)	麻油	1大匙	
牛肉醬料	(07)	調味醬油	1/2大匙	
	(08)	蒜末、清酒	各1/2小匙	
	(06)	麻油	1/4小匙	

粥會很難煮嗎？這裡介紹可簡單製作的牛肉香菇粥，是一道營養滿分的早餐。

料理步驟 (● 準備 ● 料理)

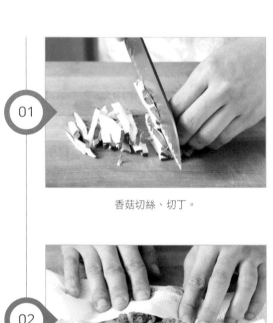

01　香菇切絲、切丁。

02　用廚房紙巾吸取牛肉碎末多餘的血水。

03　加入牛肉醬料後攪拌。

04　鍋裡倒入麻油。

05　倒入浸泡過的糯米。

06　加入牛肉，拌炒到牛肉微變色。

若想增加蛋白質的攝取量，可在料理最後加上一顆蛋。

若時間不夠，也可用白飯來代替泡過的糯米。

07 倒入①的香菇。

10 再煮10分鐘，直到所有糯米都發脹、水分減少。

08 均勻拌炒。

11 再倒入剩餘的水，慢慢攪拌以免燒焦。

09 加入1杯水，煮沸2分鐘後轉成中火。

12 鍋裡所有糯米熟透後，倒入韓式醬油調味。

牛肉香菇粥

滿滿青菜的中華風豬肉蓋飯

豬肉竹筍蓋飯

499
kcal

10
分鐘料理

🛒 準 備 材 料

		物品	數量	特殊事項
蓋飯	(01)	薏仁飯	1/2碗	
	(02)	豬肉(里肌)	100g	
	(03)	高麗菜葉	1片	
	(04)	香菇	2朵	增添料理風味。
	(05)	竹筍(罐頭)	1/2罐	若沒有可以省略。
	(06)	茄子	1/4條	
	(07)	大蔥	1/3根	
	(08)	葡萄籽油	少許	
豬肉調味醬料	(09)	清酒	2小匙	
	(10)	澱粉	1小匙	
	(11)	鹽巴、胡椒粉	各少許	
蓋飯醬料	(12)	豆瓣醬	1大匙	中式調味料、有獨特的辣味和香氣。
	(13)	蒜末	1/2小匙	
	(14)	青梅汁	1/2小匙	可用果糖代替。
澱粉水	(15)	澱粉、水	各1大匙	把澱粉跟水混合。

吃炸豬排時常出現高麗菜絲的原因，是因為豬肉跟高麗菜很搭，請將這兩種食品搭配成一碗蓋飯享用。

料理步驟 （● 準備 ● 料理）

01 豬肉切成4cm長的條狀。

02 用廚房紙巾吸取豬肉多餘的血水。

03 倒入適量的調味材料後攪拌。

04 香菇、茄子、竹筍切片。

05 高麗菜切絲、大蔥斜切。

06 照分量分出蓋飯醬料和澱粉水。

澱粉水　　　　蓋飯醬料

若無青梅汁可用果糖代替。

炒蔬菜時若水分不夠,可稍微加些水(1小匙~1大匙)。

07

鍋裡倒入葡萄籽油或水。

10

炒勻後倒入⑥的蓋飯醬料,轉中火拌炒。

08

倒入③調味的豬肉,用大火快炒。

11

食材都熟透後以轉圈的方式倒入澱粉水,快速攪拌至黏稠。

09

豬肉快熟時可依序加入竹筍、茄子、高麗菜、蔥、香菇後,輕輕翻炒。

12

把炒好的豬肉高麗菜,裝飾在薏仁飯旁。

豬肉竹筍蓋飯

可提前準備的
健康瘦身小菜

本單元為了在家育兒、工作、忙碌的各位所準備的食譜。●有可減少製作小菜的煩惱，顧慮到家人健康均衡營養的小菜食譜！●韓式料理可獲得各種營養，是適合瘦身的食譜，但是放入醬類的料理或湯類料理，會造成攝取過多的鈉。●這篇食譜是以減少鈉的攝取為主軸，推薦適合瘦身的健康小菜和雜糧飯，以攝取500kcal的湯和小菜來打造健康的一餐。

瘦身料理法POINT！

- 用容易獲得的食材來料理。
- 以低卡路里、低鹽的料理方式來烤或燉食物。
- 介紹用電鍋、平底鍋等器具就可代替使用烤箱的料理。
- 製作低鹽醬料。
- 介紹不需要煩惱就可做出一餐可吃的小菜以及搭配的湯、飯。
- 使用油類料理時，需注意油的種類和使用量。

雜糧飯

醋拌洋蔥

黃瓜冷湯

保留環文蛤（海蜆）鮮味的低鹽瘦身食譜

蒸環文蛤

＋雜糧飯＋黃瓜冷湯＋醋拌洋蔥

133
kcal

7
分鐘料理

準備材料

材料		物品	數量	特殊事項
材料	(01)	環文蛤	10～15個(約250g)	可用紅蛤、蛤蠣等代替。
	(02)	紅辣椒	1根	乾辣椒。
	(03)	洋蔥	1/6顆	添加甜味。
	(04)	大蒜	1瓣	消除腥味。
	(05)	白酒	1/4杯	消除腥味。
	(06)	荷蘭芹粉	少許	
	(07)	鹽巴、胡椒粉	各少許	
	(08)	橄欖油	1小匙	

想在特別的日子裡吃特別的瘦身餐時，可試試這個料理，蛤蠣是低脂肪、高蛋白、適合瘦身的食材。

Part 5. 可提前準備的健康瘦身小菜

01 將環文蛤泡入淡鹽水裡。

02 用錫箔紙和鍋蓋蓋上，放置半天吐沙。

03 大蒜切成蒜末。

04 洋蔥也切成洋蔥末。

05 用剪刀剪乾辣椒。

06 在鍋裡倒入橄欖油並加熱。

07

將乾辣椒、蒜末、洋蔥末倒入。

08

拌炒。

09

聞到辣味後倒入環文蛤，用大火暫時拌炒。

10

倒入白酒。

11

蓋上鍋蓋轉中火後煮2分鐘，直到環文蛤開口
熟透為止。

12

最後灑上荷蘭芹，擺盤。

蒸環文蛤

豆腐櫛瓜湯

糙米飯

醋拌洋蔥

可感受強勁辣味的小菜
醋拌魷魚
＋糙米飯＋豆腐櫛瓜湯＋醋拌洋蔥

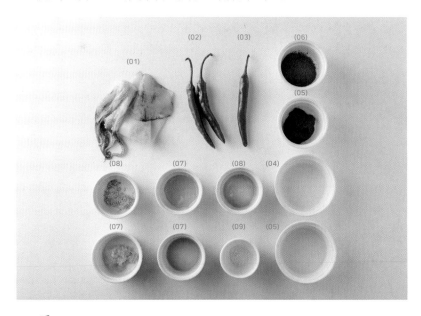

226 kcal

7 分鐘料理

🛒 準備材料

		物品	數量	特殊事項
主材料	(01)	魷魚	1/2隻	使用處理過的魷魚。
	(02)	青辣椒	2根	可用青陽辣椒代替。
	(03)	紅辣椒	1根	
	(04)	水	3大匙	
醋拌調味醬料	(05)	辣椒醬、醋	各1小匙	
	(06)	辣椒粉	1小匙	增加辣味。
	(07)	蒜末、生薑汁、蜂蜜	各1/2匙	
	(08)	麻油、芝麻鹽	各1/3小匙	
	(09)	鹽巴	少許	

魷魚比雞肉的蛋白質含量還多，且有牛黃酸、礦物質等成分，不僅對瘦身有幫助，對消除疲勞也有很大的功效。

料理步驟 （● 準備 ● 料理）

01 把處理過的魷魚去皮。

02 在內側畫上多條斜線。

03 切成1cm寬的大小。

04 把腳的尾端部分切掉。

05 切成適合吃的大小。

06 辣椒直向切開後去籽。

魷魚的腿部有許多吸盤，需多清洗幾次才能做出乾淨柔嫩的料理。

醋拌魷魚

07

辣椒切絲。

10

倒入冷水中清洗後瀝乾。

08

照所需分量加入所有材料，製作調味拌醬。

11

碗裡放入燙過的魷魚和切好的辣椒。

09

在鍋裡倒入3大匙水後，放入切好的魷魚，並轉中小火煮3分鐘。

12

食用之前再倒入醋拌調味醬料，均勻攪拌。

醋拌蘆筍

雜糧飯

用大塊牛肉燉煮，咬起來很夠味的燉牛肉

辣椒醬燉牛肉

＋雜糧飯＋醋拌蘆筍

249 kcal

20 分鐘料理

🛒 準 備 材 料

		物品	數量	特殊事項
材料	(01)	馬鈴薯	1/2顆	小顆。
	(02)	牛肉(牛腱)	100g	
	(03)	洋蔥	1/3顆	增加甜味和風味。
	(04)	蔬菜湯塊	1/3塊	
	(05)	辣椒醬	2小匙	
	(06)	水	1又1/3杯	
	(07)	葡萄籽油	1小匙	

牛腱比其他部位的脂肪少，蛋白質多，做成燉牛肉會很有嚼勁。

料理步驟 (● 準備 ● 料理)

01

馬鈴薯去皮後切成適當大小。

02

洋蔥也切成適合吃的大小。

03

用廚房紙巾吸取牛肉多餘的血水。

04

將表面的油脂切除。

05

切成比馬鈴薯還小的塊狀。

06

鍋裡倒入葡萄籽油後熱鍋。

請挑選柔軟的牛腱部位，依據挑選肉塊的脂肪比例來決定熱量的攝取和料理完成時的爽口度。

07

放入牛肉和馬鈴薯。

10

放入蔬菜湯塊，蓋上鍋蓋後滾5分鐘。

08

用大火炒。

11

轉成中火，倒入辣椒醬並均勻和開。

09

等牛肉表面變色後倒水入鍋。

12

放入洋蔥、蓋上鍋蓋，再滾8分鐘。

辣椒醬燉牛肉

黃豆芽湯

小扁豆飯

菲力牛排搭配韓國式涼拌蔬菜的料理

牛排和涼拌生菜

＋小扁豆飯＋黃豆芽湯

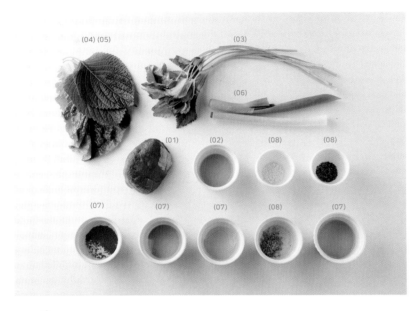

303
kcal

20
分鐘料理

準 備 材 料

		物品	數量	特殊事項
牛排	(01)	牛排(菲力)	100g	
	(02)	橄欖油	1小匙	
涼拌蔬菜	(03)	茼芹	5根	
	(04)	生菜	1片	
	(05)	芝麻葉	2片	
	(06)	大蔥(中間大小)	1根	
涼拌蔬菜醬料	(07)	辣椒粉、蜂蜜、青梅汁、麻油	各1/2匙	
	(08)	鹽巴、胡椒粉、芝麻鹽	各少許	

煎牛排時將少許油抹在牛肉上按摩後再煎，會比在平底鍋上倒油的油用量還要少。

Part 5. 可提前準備的健康瘦身小菜

用橄欖油將牛肉正反兩面抹勻。

正反兩面皆灑上些許鹽巴和胡椒粉。

把茼芹切成適合吃的大小。

生菜和芝麻葉切成細絲。

浸泡在冷水中。

大蔥斜切成蔥絲。

浸泡於冷水中。

倒入適量的蔬菜醬料後攪拌。

把牛肉放入鍋中蓋上鍋蓋,以大火每一面烤
2～3分鐘。

把瀝乾的蔬菜和大蔥混合後放入碗中。

再視狀況將火調小避免燒焦。烤5～6分鐘後關火,
蓋著鍋蓋放置5～6分鐘。

加入⑩的涼拌醬料,輕輕攪拌。
裝盤時將涼拌生菜放在牛排旁。

牛排和涼拌生菜

菠菜味噌湯

糙米飯

醋拌蓮藕

和多種蔬菜都很搭的雞肉料理

燉雞肉甜南瓜

＋糙米飯＋菠菜味噌湯＋醋拌蓮藕

327 kcal

12 分鐘料理

🛒 準 備 材 料

		物品	數量	特殊事項
主材料	(01)	雞肉(里肌)	100g	
	(02)	甜南瓜、洋蔥、青花菜	各1/6顆	
	(03)	水	4大匙	
	(04)	堅果類	少許	碎末。
醬料	(05)	醬油、辣椒醬、調味酒、蜂蜜	各1小匙	
	(06)	蔥末、蒜末、生薑汁	各1/2小匙	
	(07)	胡椒粉	少許	

甜南瓜含有維他命C、β胡蘿蔔素和豐富的膳食纖維,可預防感冒與瘦身的效果。

料 理 步 驟 (● 準備 ● 料理)

用刀背將雞里肌輕敲。

放入碗中倒入1小匙的水,鋪上保鮮膜後放入微波爐1分鐘,讓南瓜半熟。

切成適合吃的大小。

洋蔥也切成跟甜南瓜一樣的大小。

甜南瓜去籽後切成適合吃的大小。

青花菜切成小朵,較大的可再切一半。

07

碗裡倒入所有醬料材料後混合。

10

雞肉全熟後放入洋蔥，蓋上鍋蓋，煮1分鐘。

08

鍋裡倒入4大匙水後，先放入雞肉，蓋上鍋蓋煮熟。

11

把半熟的甜南瓜和⑦的醬料倒入鍋中混合，用大火再次烹煮後關火。

09

雞肉表面變白後放入青花菜，蓋上鍋蓋後轉小火煮4～5分鐘。

12

最後灑上堅果類。

黃豆芽湯

醋拌蘆筍

薏仁飯

Part 5. 可提前準備的健康瘦身小菜

336　美味減肥料理的終極食譜

東南亞風味的雞肉料理

雞胸肉炒蔬菜
＋薏仁飯＋黃豆芽湯＋醋拌蘆筍

343
kcal

10
分鐘料理

![cart icon] **準 備 材 料**

		物品	數量	特殊事項
主材料	(01)	雞胸肉	100g	
	(02)	高麗菜葉	2片	
	(03)	洋蔥、彩椒(紅、黃)	各1/6顆	
	(04)	泰國辣椒(乾的)	1根	增加甜辣味。 可用乾辣椒代替。
	(05)	荷包蛋	1顆	半熟
	(06)	大蒜	1瓣	
	(07)	葡萄籽油	適量	
醬料	(08)	調味酒	1大匙	
	(09)	蜂蜜	1/2小匙	
	(10)	醬油	1/4小匙	增添風味。
	(11)	鯷魚湯汁	1/4小匙	可用魚露代替。
	(12)	胡椒粉	少許	

卡路里減少、飽足感增加！試著用肉類或家禽類和各種蔬菜做成小菜。

料 理 步 驟 (● 準備 ● 料理)

01 用刀背敲打雞胸肉。

04 用剪刀把泰國辣椒剪成5~6等份。

02 切半後切成較粗的條狀。

05 高麗菜切成較粗的絲。

03 大蒜切片。

06 洋蔥也切成粗絲。

最好能善用家裡有的蔬菜。

灑上炒過並搗碎的堅果類，可增添風味和口感。

07

彩椒切成厚的條狀。

10

倒入高麗菜絲後再添加洋蔥絲和彩椒絲、
雞胸肉。

08

把醬料材料混合。

11

等雞胸肉熟透後再最後倒入⑧的醬料，快速翻炒
後裝盤。

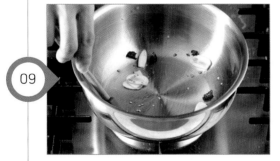

09

鍋裡加熱後倒入少許葡萄籽油再放入大蒜片和泰
國辣椒，以大火拌炒。

12

旁邊放上一顆半熟蛋陪襯。

雞胸肉炒蔬菜

菠菜味噌湯

糙米飯

醋拌蘆筍

清爽的芝麻葉和濃濃鮪魚組成的一絕料理

鮪魚芝麻葉煎餅

＋糙米飯＋菠菜味噌湯＋醋拌蘆筍

347 kcal

12 分鐘料理

🛒 準 備 材 料

想吃煎肉餅時，不妨用鮪魚和許多蔬菜來製作煎餅。

		物品	數量	特殊事項
材料	(01)	鮪魚(罐頭)	1/2罐	可用豆腐代替。
	(02)	青椒	1/8顆	可用彩椒、辣椒代替。
	(03)	胡蘿蔔、洋蔥	各1/12顆	
	(04)	香菇、雞蛋	各1個	增加風味。
	(05)	芝麻葉	5片	
	(06)	鹽巴、胡椒粉	各少許	
	(07)	麵粉	少許	
	(08)	葡萄籽油	少許	

料理步驟 (● 準備 ● 料理)

01 鮪魚罐頭倒出後，將油擠出來。

02 倒入滾水去除多餘的油脂。

03 用湯匙把水瀝乾。

04 把芝麻葉以外的材料和香菇都切成細丁。

05 蛋打均勻後分成2份。

06 把③的鮪魚加入切碎的蔬菜和香菇、一半的蛋液以及胡椒粉後，均勻攪拌。

使用鮪魚罐頭時，用熱水燙過鮪魚可減少多餘的油脂。

料理秘訣

芝麻葉正面沾麵粉後放入餡料，形狀才不會跑掉。

將芝麻葉洗乾淨後瀝乾。

把芝麻葉包成三角形。

正面灑上麵粉後抖去多餘的粉末。

沾取剩下的蛋液。

放入一匙⑥的內餡於中央。

放在倒有葡萄籽油的熱鍋中煎到金黃，這時容易散開的那一面先煎，才能固定形狀。

鮪魚芝麻葉煎餅

雜糧飯

菠菜味噌湯

干貝濃郁香和清爽柳橙搭配的料理

烤柳橙干貝

＋菠菜味噌湯＋雜糧飯

356 kcal

7 分鐘料理

準備材料

		物品	數量	特殊事項
主材料	(01)	柳橙	1顆	
	(02)	干貝	2顆(約120g)	可用冷凍干貝代替。
	(03)	包菜類	30g	
	(04)	金針菇	少許	
	(05)	橄欖油	少許	
柳橙芥末淋醬	(06)	柳橙濃縮液	1大匙	
	(07)	檸檬汁	1小匙	
	(05)	橄欖油	2小匙	
	(08)	蜂蜜、第戎芥末醬	各1/2小匙	
	(09)	生薑汁、鹽巴、胡椒粉	各少許	
干貝調味	(10)	橄欖油、檸檬汁	各1小匙	
	(09)	鹽巴、胡椒粉	各少許	

魚貝類含有一種稱做牛黃酸的氨基酸，有強化肝功能解毒、減少血中膽固醇的效果，且膽固醇比肉類來的少，是有助於瘦身的食品。

01 干貝橫剖切成2等份。

04 混合柳橙芥末淋醬的材料。

02 碗內放入干貝和調味材料後，放置15分鐘。

05 加入少許橄欖油後用打蛋器攪拌，使油脂均勻混合。

03 柳橙去皮僅保留果肉。

06 將包菜類洗乾淨後去除水分。

用打蛋器仔細攪拌，讓油脂完全與其他材料混合，且需呈現不透明狀。

撕成適合吃的大小。

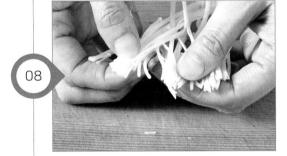

金針菇切去根部後一一撕開。

把包菜類和金針菇放在一起備用。

鍋裡倒一些橄欖油後放入干貝，將兩面烤至淺咖啡色。

干貝擺盤，在柳橙旁放上蔬菜和金針菇。

淋上⑤的醬料。

烤柳橙干貝

黃豆芽湯

薏仁飯

涼拌菜

Part 5. 可提前準備的健康瘦身小菜

用蔬菜和蘋果香來減少肉類油膩感的料理

烤蘋果豬肉

＋薏仁飯＋涼拌菜＋黃豆芽湯

364
kcal

7
分鐘料理

🛒 準 備 材 料

		物品	數量	特殊事項
主材料	(01)	豬肉	100g	2cm厚的里肌。
	(02)	洋蔥	1/3顆	
	(03)	蘋果	1/2顆	小的。
豬肉醬料	(04)	醬油、蜂蜜、調味酒	各1小匙	
	(05)	豆瓣醬	1小匙	增添風味。
	(06)	青梅汁	1/3小匙	可用「醋＋蜂蜜」或檸檬青代替。
	(07)	生薑汁	1/3小匙	消除腥味。
	(08)	水	1又1/2大匙	

使用脂肪含量最少的里肌部位可減少卡路里和飽和脂肪的攝取。

料理步驟 （● 準備 ● 料理）

01 用廚房紙巾包覆豬肉吸取多餘的血水。

02 剖面切成兩片1cm厚的豬肉。

03 洋蔥切絲。

04 浸泡在水中消除辛辣。

05 瀝乾、去除水分。

06 蘋果帶皮洗乾淨後切成細絲。

Part 5. 可提前準備的健康瘦身小菜

07

泡入水中防止蘋果表皮變色，瀝乾後再用廚房紙巾吸取水分。

10

鍋裡加點水後放入豬肉並蓋上鍋蓋烤到焦黃，直到豬肉上色、醬料快收乾時再關火。

08

將醬料材料混合後拌勻。

11

把豬肉切成適合吃的大小。

09

將醬料淋上豬肉後，放置20分鐘。

12

裝盤後旁邊放上蘋果絲和洋蔥絲點綴。

烤蘋果豬肉

黃豆芽湯

包菜生菜

雜糧飯

滿滿洋蔥甜味的炒豬肉

豬肉炒洋蔥

＋雜糧飯＋包菜生菜＋黃豆芽湯

🛒 準 備 材 料

		物品	數量	特殊事項
主材料	(01)	豬肉	100g	炒什錦用。
	(02)	洋蔥	1顆(約150g)	
	(03)	清酒	1大匙	去除腥味。
	(04)	蒜末	1/2小匙	增添爽口感。
	(05)	葡萄籽油、胡椒粉	各少許	
醬料	(06)	辣椒粉	2小匙	增添顏色並給予辣味。
	(07)	辣椒醬、蜂蜜	各1小匙	
	(08)	醬油	1/2小匙	

跟鉀含量高的蔬菜類一起搭配著吃，可以幫助身體排出鈉，能一次擁有美味和健康。

料理步驟 （● 準備 ● 料理）

01 用廚房紙巾包覆豬肉，吸取多餘的血水。

02 碗內倒入清酒、蒜末。

03 倒入胡椒粉。

04 攪拌後放置10分鐘，讓食材入味。

05 洋蔥切絲。

06 把調味醬料與豬肉混合。

Part 5. 可提前準備的健康傾身小菜

重點在於清炒洋蔥不讓它過熱，這樣看起來才豐盛而且咬起來有清脆口感。

07 攪拌。

08 放入洋蔥絲後輕輕拌勻。

09 鍋內倒入少許葡萄籽油。

10 將⑧的豬肉放入。

11 豬肉表面變白後，再炒3～4分鐘後關火。

12 裝盤後，旁邊擺上包菜用蔬菜。

豬肉炒洋蔥

小扁豆飯

黃豆芽湯

醋拌蘆筍

與火辣淋醬加上涼拌蔬菜很搭的烤鮪魚

烤鮪魚

＋小扁豆飯＋黃豆芽湯＋醋拌蘆筍

377 kcal

10 分鐘料理

🛒 準 備 材 料

		物品	數量	特殊事項
主材料	(01)	鮪魚(冷凍)	2/3塊(約180g)	可用生鮪魚。
	(02)	洋蔥	1/4顆	
	(03)	苜蓿芽	適量	若無可省略。
	(04)	胡椒粉	1/4小匙	
	(05)	鹽巴	少許	
淋醬	(06)	山葵、芥末	各1小匙	
	(07)	法式黃芥末醬	1小匙	
	(08)	醬油、麻油	各1小匙	
	(09)	蜂蜜	1小匙	
	(10)	醋	2大匙	

鮪魚是高蛋白、低脂、低卡路里的食品，尤其鮪魚的不飽和脂肪酸不會累積在體內，且有分解膽固醇並幫助排出體外的效果。

料理步驟 (● 準備 ● 料理)

01 把放置在冰箱內解凍一天的冷凍鮪魚表面均勻灑上鹽巴和胡椒粉後，放置10分鐘。

02 洋蔥切絲。

03 與苜蓿芽一起泡在冷水中。

04 開始製作淋醬，把所有材料混合。

05 在熱鍋上倒些水，將鮪魚四面翻煮各30～40秒。

06 泡入冰塊內30秒冷卻。

料理秘訣

烤鮪魚表面後快速放入冰塊水裡，可讓熱氣排出
並擁有像生魚片一樣Q彈、新鮮的口感及美味。

瀝乾水分。

將洋蔥和苜蓿芽取出後瀝乾。

把鮪魚切片成適當吃的大小。

擺放在盤中。

整齊擺盤。

鮪魚、洋蔥、苜蓿芽淋上醬料，吃的時候請在鮪
魚片放上洋蔥和苜蓿芽享用。

烤鮪魚

醋拌洋蔥

藜麥飯

突顯牛蒡和香菇深度風味的湯品料理

牛肉牛蒡火鍋

＋藜麥飯＋醋拌洋蔥

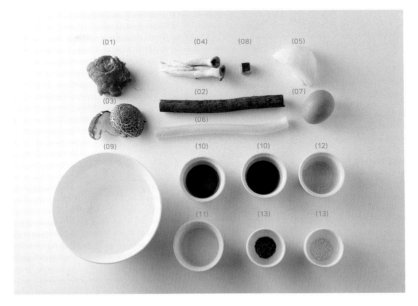

394 kcal

10 分鐘料理

🛒 準 備 材 料

		物品	數量	特殊事項
材料	(01)	牛肉	70g	烤肉肉片
	(02)	牛蒡	1/4根(約50g)	
	(03)	香菇	1又1/2朵	
	(04)	秀珍菇	3朵	若無可省略。
	(05)	洋蔥	1/4顆	
	(06)	大蔥	1/2根	
	(07)	雞蛋	1顆	
湯底	(08)	牛肉湯塊	1個	可用昆布水代替。
	(09)	溫水	1又1/2杯	
	(10)	調味醬油、韓式醬油	各1小匙	
	(11)	調味酒	1大匙	
	(12)	蜂蜜	1/2小匙	
	(13)	鹽巴、胡椒粉	各少許	

在牛肉料理中善用香菇和牛蒡的話，不僅可增添食物風味，也能減少卡路里的攝取。

01

牛蒡連皮洗乾淨後切成絲。

04

洋蔥切絲、大蔥斜切成片。

02

浸泡在冷水中防止變色。

05

把牛肉湯塊放入溫水中溶化。

03

香菇切片、秀珍菇則撕成直條狀。

06

加入其他的湯底材料後攪拌混合。

Part 5. 可提前準備的健康瘦身小菜

料理時把牛肉在湯中燙一下，湯底才能增添肉的味道，不過肉片有可能會變乾，建議可先撈起來，到最後再川燙一下。

07

用廚房紙巾吸取牛肉多餘的血水。

10

牛蒡熟透後，放入牛肉稍微川燙後撈起來。

08

在碗裡打蛋。

11

放入香菇和洋蔥絲煮滾。

09

鍋裡倒入湯底和牛蒡絲，蓋上鍋蓋煮3～4分鐘。

12

最後把燙過的牛肉和大蔥放入鍋中，倒上打好的蛋液，等雞蛋熟了之後就可以盛裝。

牛肉牛蒡火鍋

薏仁飯

菠菜味噌湯

涼拌海帶

充滿海味的一餐

烤馬鮫魚（魠魠魚）和海帶湯

＋涼拌海帶＋薏仁飯＋菠菜味噌湯

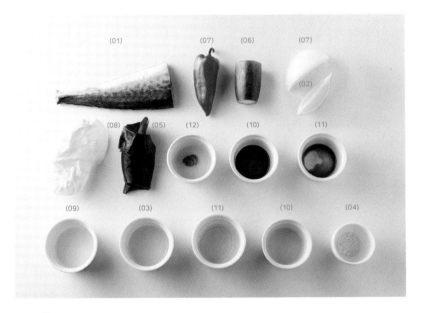

405
kcal

10
分鐘料理

🛒 **準 備 材 料**

		物品	數量	特殊事項
主材料	(01)	馬鮫魚	1塊	未調味的，10cm長。可用青花魚或鯖魚代替。
	(02)	檸檬	1/8隻	楔型狀。
	(03)	葡萄籽油	2小匙	
	(04)	鹽巴	少許	
涼拌海帶	(05)	海帶	20g	可用昆布代替。
	(06)	黃瓜	1/4根	
	(07)	洋蔥、紅椒	各1/6顆	
	(08)	高麗菜菜	1片(約20g)	可用萵苣葉代替。
涼拌醬料	(09)	水	1大匙	
	(10)	濃醬油、檸檬汁	各1小匙	
	(11)	韓式醬油、蜂蜜	各1/2小匙	
	(12)	山葵	少許	

馬鮫魚有豐富的蛋白質和其他多種營養，請一起享用與烤馬鮫魚很搭的涼拌海帶，是一頓美味滿分的餐點。

料理步驟 (● 準備 ● 料理)

01 海帶泡水去除鹽分。

02 沖洗後川燙，再用冷水沖過後瀝乾。

03 切成絲。

04 黃瓜和彩椒切成跟海帶一樣的大小，

05 洋蔥和高麗菜也切成絲。

06 把涼拌醬料的材料混合後攪拌。

馬鮫魚或鯖魚等魚類,請準備沒有醃漬過的魚肉。

灑上一些檸檬汁讓容易破碎魚肉的蛋白質能結塊凝固,另外檸檬也能消除腥味,常使用在魚類料理中。

07

將馬鮫魚在流動的水下洗淨後,用廚房紙巾包覆,吸乾水分。

10

等兩面煎到金黃後裝盤。

08

擠一些檸檬、灑一些鹽巴在魚肉上。

11

將切絲的海帶和蔬菜與涼拌醬料混合。

09

鍋中倒些葡萄籽油後放入魚片,蓋上蓋子。

12

攪拌後,放置烤魚旁邊。

烤馬鮫魚和海帶湯

薏仁飯

醋拌黃瓜

海帶湯

爽口黃豆芽和魷魚的Q彈口感

調味魷魚黃豆芽

＋薏仁飯＋海帶湯＋醋拌黃瓜

450 kcal

13 分鐘料理

🛒 **準 備 材 料**

請體驗魷魚的獨特甜味及黃豆芽的清脆口感。

		物品	數量	特殊事項
主材料	(01)	魷魚(身體)	1隻(約200g)	
	(02)	黃豆芽	1把(約100g)	
	(03)	高麗菜葉	1片	
	(04)	胡蘿蔔	1/5根(約20g)	
	(05)	洋蔥	1/6顆	
	(06)	大蔥(3cm)	1段	
	(07)	青陽辣椒	1/2根	
	(08)	麻油	1小匙	
	(09)	芝麻	少許	
醬料	(10)	辣椒醬	1小匙	
	(11)	辣椒粉	1大匙	增加顏色。
	(12)	清酒、調味酒	各1小匙	
	(13)	醬油、蒜末	各1小匙	
	(14)	生薑汁	1/2小匙	
	(15)	鹽巴、芝麻鹽、胡椒粉	各少許	

01 魷魚切半後切成寬1cm的條狀。

02 高麗菜切成大塊狀。

03 胡蘿蔔也切成大塊狀。

04 洋蔥切成適合吃的大小。

05 大蔥和青陽辣椒則斜切成片。

06 把魷魚和醬料混合後，放置10分鐘。

07 在熱鍋上倒入些許水後放入胡蘿蔔和高麗菜，以大火拌炒。

10 加入2大匙水和黃豆芽後攪拌均勻。

08 再放入洋蔥。

11 蓋上鍋蓋後轉小火煮3分鐘。

09 把⑥的魷魚倒入，攪拌混合。

12 最後放上大蔥和青陽辣椒後翻炒，關火，淋上麻油、芝麻後稍微攪拌即可裝盤。

調味魷魚黃豆芽

海帶湯

小扁豆飯

像辣炒雞肉的豬肉料理

炒豬肉片
＋小扁豆飯＋海帶湯

457
kcal

8
分鐘料理

![cart icon] **準 備 材 料**

		物品	數量	特殊事項
主材料	(01)	豬肉	80g	後腿肉。
	(02)	芝麻葉	3～4片	增加香味。
	(03)	地瓜	1/2顆	
	(04)	高麗菜葉	1片	增加甜味。
	(05)	洋蔥	1/4顆	
	(06)	葡萄籽油	少許	
豬肉調味醬料	(07)	清酒	1大匙	
	(08)	蒜末	1/2小匙	
	(11)	胡椒粉	少許	
醬料	(09)	辣椒粉	2小匙	讓顏色好看、增加甜辣感。
	(10)	辣椒醬、韓式醬油、蜂蜜、調味酒	各1小匙	
	(11)	胡椒粉	少許	

試試增加常吃小菜的蔬菜量，可攝取到足夠的纖維素並有飽足感。

料理步驟 （● 準備 ● 料理）

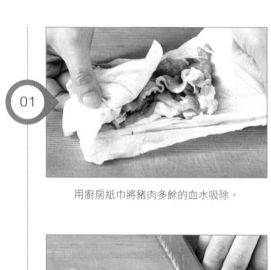

01

用廚房紙巾將豬肉多餘的血水吸除。

04

攪拌過後放置10分鐘。

02

切成適當吃的大小。

05

地瓜帶皮洗乾淨後切成絲。

03

把豬肉調味醬料全部混合。

06

高麗菜也切絲。

在拌炒水分不多的地瓜時可加一些水避免燒焦。
加入醬料後更容易燒焦，因此需注意隨時添加水
分。

洋蔥切絲。

輕輕用手攪拌。

把④的豬肉放入洋蔥絲和高麗菜絲。

鍋裡倒入少許葡萄籽油後拌炒地瓜絲，再倒入1大
匙水後繼續炒，若水分不夠時可隨時增加水量。

倒入醬料材料。

倒入⑩的豬肉後再多加2大匙的水，等到豬肉熟
透後擺盤，旁邊放上芝麻葉。

炒豬肉片

海帶湯

醋拌蓮藕

藜麥飯

吃的到濃郁芝麻香氣的一品

涼拌雞胸肉豆腐紫蘇
＋藜麥飯＋海帶湯＋醋拌蓮藕

473
kcal

7
分鐘料理

🛒 準 備 材 料

		物品	數量	特殊事項
主材料	(01)	雞胸肉	60g	
	(02)	黃瓜	1/4根	要去除表皮突起物。
	(03)	大蔥	1/6根	使用白色不分。
	(04)	嫩豆腐	1/4塊	可用碎豆腐代替。
芝麻醬料	(05)	芝麻粉	3大匙	
	(06)	低脂牛奶	2大匙	
	(07)	生薑末、蒜末	各1/3小匙	
	(08)	韓式醬油	1/2大匙	
	(09)	鹽巴	少許	
	(10)	果糖	1小匙	
	(11)	醋	1/2小匙	糙米醋。
川燙雞胸肉的水	(12)	昆布	1片	5X5cm大小。
	(13)	鹽巴	1又1/2～2小匙	
	(14)	水	2~3杯	

減少卡路里、提升飽足感！請試著用肉類或家禽類搭配不同蔬菜，做出不一樣的小菜。

用刀背輕輕敲打雞胸肉。

在燙雞胸肉的水裡放入昆布、鹽巴，稍微煮滾幾分鐘。

拿出昆布後關火，放入雞胸肉，蓋上鍋蓋並放置20分鐘後把雞肉撈出、瀝乾。

黃瓜洗淨後用削皮刀隨意削皮後，切成細絲。

大蔥則切為5cm長，把綠色部分去除，僅使用白色部分，並切絲。

把⑤的大蔥絲泡冷水中，等到蔥把水吸飽，像花一樣展開時即可撈起來瀝乾。

07

瀝乾嫩豆腐的水分。

10

盤子倒入適當芝麻醬後放上嫩豆腐。

08

用果汁機把芝麻醬料的材料全部混合後打碎。

11

上面再擺上⑨的雞胸肉和黃瓜絲。

09

用手把川燙過的雞肉撕成適當吃的大小，
並拌入黃瓜絲。

12

均勻淋上芝麻醬後，頂端擺上大蔥絲。

涼拌雞胸肉豆腐柴蘇

My diet recipe Note

My diet recipe Note

My diet recipe Note

My diet recipe Note

My diet recipe Note